Acuaponia
FORMULAS Y CALCULOS PARA UN SISTEMA EXITOSO

Ing. Agrónomo José Antonio Herrera

"Agradecimiento al profesor Pablo Candarle del centro nacional de desarrollo acuícola, por facilitar el material didáctico que se presenta en este artículo.

Agradecimiento al doctor ingeniero agrónomo Gaminides Cabrera por su aporte en las técnicas de cultivos hidropónicos básico."

Los cálculos y formulas que se presentan en el presente trabajo están basadas en mi experiencia y trabajos realizados; ingeniero José Antonio Herrera

Índice

Introducción:
- Definiciones.
- Fundamentación del sistema.

Reseña histórica.

Descripción de un sistema acuapónico.

Filtro mecánico.

Filtro biológico.

Balance del sistema acuapónico.

Calidad de agua:
- Temperatura.
- Oxígeno disuelto.
- Ph.
- Dureza y alcalinidad.
- Otros parámetros y fuentes de agua.
- Dinámica de nutrientes.

Diseño de unidades acuapónicas.
- Técnica de film nutritivo.
- Cultivos en aguas profundas (o balsas flotantes).
- Cultivos en sustratos.

Generalidades y componentes.
- Selección de sitio.
- Invernaderos.
- Tanque para peces.
- Clarificador.
- Biofiltro.

Peces en acuapónia.

- Planes de manejo y especies.
- Manejo de enfermedades.

Plantas en acuapónia.

- Planes de manejo.
- Manejo de enfermedades.

ANEXOS.

Bibliografías

Introducción.

El término "acuaponia" deriva de la combinación del término acuicultura (o acuacultura) sumado a hidroponía y para poder introducir los conceptos y métodos de este sistema combinado de producción, novedoso para nuestro país, se deberán definir algunos conceptos y aclarar aspectos particulares de cada una de las producciones que la conforman.

Primeramente se verá definir a la acuicultura como el cultivo en condiciones controladas de organismos acuáticos vegetales y animales, destacándose particularmente la rama de la "piscicultura" como la más importante en cuanto volumen producido, seguida en orden de importancia por otros animales, tales como crustáceos y moluscos.

Al cultivar organismos acuáticos de manera deliberada y programada, se procura disminuir la presión de pesca en los mares y ríos, además de reducir otro tipo de producciones animales terrestres menos sustentables proveyendo otra fuente de proteína animal (Somerville et al. 2014).

Como puntos negativos de la producción acuícola animal, se mencionan la alta demanda de harina de pescado para la elaboración de alimentos destinados a los organismos cultivados (acción que puede repercutir de forma incremental en la pesca de especies para estos fines); y la necesidad de tratamientos de efluentes de las aguas utilizadas, a fines de minimizar el impacto de la actividad sobre el ambiente, haciéndola "amigable con el mismo".

El cultivo de peces es una actividad de gran desarrollo en varias regiones del mundo, especialmente durante las últimas décadas, y puede ser dividida en 4 categorías:

- Cultivos utilizando jaulas en zonas abiertas (agua marina y dulce).

- Cultivos desarrollados en estanques en tierra;

- Cultivos en piletas o "raceways" y

- Sistemas de recirculación de acuicultura.

Si se ahonda en la última categoría, se observará que los sistemas de recirculación en acuicultura (SRA), son aquellos donde se emplea una tecnología que permite el cultivo de peces a mayor intensidad, en un ambiente totalmente controlado. Como premisa para posibilitar su funcionamiento, se deben efectuar una serie de tratamientos al agua para liberarlas de sustancias potencialmente tóxicas llamadas metabolitos (los cuales son emitidos al agua por los mismos organismos bajo cultivo), mejorando así, en gran forma, el uso del agua.

La tecnología utilizada en estos sistemas representa un incremento muy importante en los costes de montaje y funcionamiento, por lo que se espera la obtención de una demanda y el incremento en la productividad, con la finalidad de que mejorasen la rentabilidad posterior. Por esto también, se los clasifica (dentro de los distintos niveles de cultivos), en sistemas súper-intensivos de cultivo, donde se emplean altas densidades para el aprovechamiento del espacio diseñado.

Estos sistemas, no son totalmente cerrados, ya que recambian un determinado porcentaje de agua en forma diaria (cercano al 10 %) para el mantenimiento de los parámetros físicos y químicos del agua, con la finalidad de que se mantengan aptos para el buen desarrollo de los peces.

Por el otro lado, se define a la hidroponía, como al cultivo de vegetales sin uso de suelo, aplicando diferentes técnicas de fijación para que las raíces se encuentren en contacto con una solución que los provea de los nutrientes necesarios para su crecimiento. En lugar de suelo, y dependiendo de la modalidad, puede proveerse con algún tipo de material inerte (que no libere ningún tipo de sustancia potencialmente tóxica), que permitirá alojar las raíces, brindar soporte, almacenar humedad y permitir la irrigación de la solución nutritiva. Esta modalidad de cultivos, es el resultado de un vasto desarrollo científico y tecnológico (y también económico), dentro del campo agrícola, desarrollado durante los últimos 200 años (Somerville, et al. 2014).

Existen muchas ventajas en este campo de la producción vegetal, cuando se las compara con los cultivos en tierra y se pueden mencionar algunas entre ellas:

- Los sustratos empleados reducen pestes relacionadas al suelo, pueden ser esterilizados y reutilizados entre cosechas, suelen ser mejores en cuanto al almacenaje de humedad y provisión de oxígeno a las raíces;

- Se incrementa el valor de las producciones fuera de la estación natural, en los climas templados;

- Se mejoran los crecimientos, al incrementar el control de los factores cruciales y

- Se utiliza menor cantidad de agua que la empleada en el suelo tradicional, ya que es reciclada.

Con estos conceptos y definiciones introductorias, se puede entonces, definir a la acuaponia como la actividad combinada del cultivo intensivo de peces con el cultivo hidropónico de vegetales, los cuales se mantienen unidos mediante un sistema de recirculación. Los metabolitos excretados al agua por los peces durante su cultivo, son sometidos a un sistema de filtrado y procesos biológicos, quedando disponibles como nutrientes para las plantas; las que los extraen del agua, haciendo el papel de purificadoras y reduciendo considerablemente la renovación de agua dentro del sistema (Figura 1).

El proceso permite una simbiosis (aporte mutuo) que crea un ambiente saludable de crecimiento para ambas producciones, cuando se lo encuentra balanceado apropiadamente, y son rentablemente apropiados para aquellas zonas o situaciones especiales, donde el uso de la tierra y del agua, son limitados.

Las similitudes de factores físicos y químicos del agua durante las actividades de la hidroponía y acuicultura de recirculación, principalmente en lo referido a las cantidades de los macronutrientes, es sin duda la base del nacimiento de la acuaponía. La acumulación de nutrientes disueltos en el agua de los SRA, se aproxima a las concentraciones encontradas en soluciones hidropónicas (Rakocy, et al. 1993).

Por otro lado, la inversión inicial en cuento a equipamientos y funcionamiento de un SRA se recupera más y mejor al mejorar la rentabilidad en los sistemas acuapónicos, con los ingresos obtenidos por comercialización de los productos vegetales.

Se debe resaltar la importancia de combinar dos producciones como la hidroponía y los sistemas de recirculación en acuicultura, que lideran sus respectivos campos en cuanto al desarrollo tecnológico; las que mejoran el uso del suelo y del agua, e involucran un mejor y mayor control de la contaminación.

También cabe mencionarse que esta actividad provee de productos de suma importancia en la alimentación humana (independientemente de las especies cultivadas), aportando nutrientes básicos esenciales como las proteínas y aceites benéficos provistos por el pescado cultivado, sumado a la importancia de vitaminas y minerales aportados por los productos vegetales.

Como principales beneficios de la producción se mencionan:

* Reducción del recambio de agua diario vs SRA tradicionales (1 a 3% contra 10%); Macro nutrientes: N; P; K; Ca; S; Mg Micro nutrientes: Fe; Cl; Mn; B; Zn; Cu; Mo H_2O CO_2 O_2 NH_3 Alimento balanceado

* Obtención de dos productos mediante una única fuente de nitrógeno (alimento y heces de los peces);

- No utilización de fertilizantes ni pesticidas;

- Tareas seguras (pueden incluir cualquier género y edad) y por último

- Posibilidad de crear economías de autoconsumo o comunales.

Como debilidades se pueden citar:

- Necesidad de conocimientos previos en ambos campos (agrícola y acuícola);

- Requerimientos de los peces y las plantas, que no siempre coinciden precisamente y

- Una demanda de energía, excluyente.

Reseña histórica.

El concepto de utilizar heces y otros desperdicios de peces como fertilizantes para plantas, es tan viejo como las primeras civilizaciones de Asia y Sudamérica, cuyos individuos ya aplicaban métodos basados en estos principios, según los registros históricos existentes.

Hacia fines de los años ´70, comenzaron a aparecer estudios científicos en Norteamérica y Europa, para demostrar que los metabolitos producidos por los peces podían ser retirados del agua para el cultivo de vegetales (Lewis, et al. 1978). Los avances tecnológicos en los años siguientes, permitieron considerables mejoras en el campo de la investigación; especialmente referidos a los monitoreos y la identificación de los compuestos referidos a la biofiltración de los desechos e identificación de óptimas condiciones para la creación de sistemas cerrados.

Un referente de esta actividad, es el Dr. Rakocy, quién llevó adelante un sistema de producción e investigación en la Universidad de las Vírgenes – EEUU, por más de 30 años; logrando mejoras en el desarrollo de las tasas y cálculos, que maximizaran las producciones de peces y vegetales, manteniendo un balance del sistema. 8 Con la aparición de datos concretos sobre acuaponia, comenzaron a aparecer producciones comerciales, existiendo gran cantidad de emprendimientos aunque la actividad siga siendo relativamente nueva.

La versatilidad de los montajes permite identificar, además de la escala comercial, la familiar o la de autoconsumo, a una tercera semi-comercial. Se trata además, de una alternativa muy interesante para el mejoramiento de las economías familiares y comunales. En Australia, los sistemas acuapónicos domésticos son muy utilizados, y es muy común encontrarlos configurados para funcionar en espacios muy reducidos.

Otra modalidad utilizada de los sistemas acuapónicos es la que se desarrolla con fines ornamentales, tanto con peces como con plantas acuáticas, que pueden producir una rentabilidad importante si se maneja correctamente su comercialización.

La actividad a baja escala permite, por otra parte y de manera sencilla, la enseñanza en escuelas primarias, secundarias y agrícolas (incluyendo escuelas para adultos), relacionadas a la comprensión de producciones sustentables, reciclado de nutrientes y otros temas técnicos y biológicos, de importancia en la formación estudiantil.

Descripción de un sistema acuapónico.

Los sistemas acuapónicos, pueden configurarse y dimensionarse de diferentes formas aunque, no obstante, se debe seguir un patrón general para el diseño que permita su correcto funcionamiento, identificando sus componentes básicos y diseñando el sentido de circulación del flujo de agua (Figura 2). Esencialmente abarca uno o más contenedores para los peces, seguido de un contenedor con estructura que permita una filtración mecánica (o remoción de sólidos) y posteriormente uno con área suficiente para el proceso de biofiltrado. Luego de estas unidades para los tratamientos previos, recién se ubicarán las unidades para alojamiento del componente vegetal (o subsistema hidropónico), y luego un sumidero o colector de agua del sistema en el nivel más bajo, donde generalmente es instalada la bomba que provocará la circulación del agua en el sistema.

Filtro mecánico.

Un manejo ineludible y fundamental dentro de los sistemas de recirculación, resulta ser la filtración del agua, mediante alguna técnica mecánica. Este manejo permite separar y remover los desechos sólidos en suspensión (ya sean flotantes o no), permitiendo una serie de objetivos y beneficios. Estas partículas en suspensión, se componen principalmente del material fecal de los peces y los restos de alimento, sumado a otros organismos como bacterias, hongos y algas que se desarrollan en el sistema.

Las partículas suspendidas en un sistema de recirculación, muestran una gran variedad de tamaños, que abarcan desde unas micras (μm) hasta unos centímetros, y a diferentes densidades que las distribuyen en distintas zonas de la columna de agua. Existen varios mecanismos destinados a la remoción de los sólidos, dependiendo principalmente del tamaño y peso que presenten las partículas. Generalmente, se aplica el método de decantación o sedimentación para sólidos de gran tamaño (mayores a 100 μm), y distintos tipos de filtración para partículas menores, sumado a técnicas de separación de los desechos flotantes.

Los desperdicios sólidos, en caso de no ser removidos, podrían liberar gases tóxicos al acumularse y descomponerse por medio de bacterias anaeróbicas dentro del tanque de los peces, y podrían por otra parte, alcanzar a las raíces de las plantas, y taparlas impidiendo así, una correcta absorción de los nutrientes. La filtración mecánica, además de retirar de circulación estos sólidos, Remoción de sólidos (Filtro mecánico) Nitrificación (Filtro biológico) Sumider o Tanques de peces Unidades hidropónicas 10 cumple la función de retenerlos y acumularlos periódicamente en un sector determinado, lugar donde se realiza naturalmente otro proceso de suma importancia para nuestro sistema: la mineralización, o proceso de liberación de nutrientes al agua.

Este último, es un requisito vital para el sistema, iniciado previamente en el sector establecido para el proceso biológico, denominado filtración biológica, o nitrificación (el que se detallará más adelante). Esto se debe a que los sólidos acumulados provocan la proliferación de otros organismos, principalmente de bacterias denominadas heterotróficas, o bacterias de la materia orgánica, las que se reproducen a una tasa muy elevada respecto de las bacterias nitrificantes; inhibiendo el crecimiento de estas últimas, y ocupando el espacio establecido para el filtrado biológico. No es recomendable una excesiva remoción de los sólidos acumulados en los filtros mecánicos, decantadores o clarificadores del sistema, son el objetivo de minimizar los recambios de agua y maximizar el aprovechamiento de la mineralización de los nutrientes; pero un cierto nivel de remoción es necesario, para mantener una apropiada dinámica de los nutrientes y desarrollar así, un sistema acuapónico saludable (Somerville, et al. 2014).

La necesidad de filtrado de los sólidos, por otra parte, tendrá una relación directa a la cantidad de peces colocados en el sistema, y con la tasa metabólica de ellos. También estará influenciado por el método hidropónico que se usará. Existen en el comercio muchos tipos de filtros mecánicos, clarificadores, tanques de sedimentación, etc., que poseen distintos grados de eficiencia y deberán dimensionarse para cada proyecto en particular, ya que representa unos de los más importantes aspectos del diseño del sistema.

Mineralización:

Este es el proceso mediante el cual se produce la liberación de elementos o moléculas menores al agua, originadas en la materia orgánica sólida depositada en sectores localizados dentro del sistema. El proceso se lleva a cabo mediante la acción de microorganismos presentes en el sistema como son las bacterias heterotróficas, los hongos y otros organismos superiores, que utilizan el carbono orgánico como fuente de su alimento; involucrándose centralmente en la descomposición de los desperdicios sólidos y dejando disponibles micronutrientes esenciales que aprovechan las plantas. Estos organismos, al igual que las bacterias nitrificantes, requieren condiciones aeróbicas (con oxígeno) para un normal desarrollo y lograr una proceso exitoso de mineralización en el agua.

A menudo, pequeños animales como anélidos, anfípodos, larvas de organismos y otros, son encontrados en sistemas acuapónicos formando parte de la materia orgánica. Dichos organismos trabajan en conjunto con las bacterias heterotróficas en el proceso de descomposición y mineralización, previniendo la acumulación de sólidos. Los sólidos atrapados por la filtración mecánica en el biofiltro, o incluso dentro del componente hidropónico y tanque de peces, se someten en alguna medida, a este proceso.

El mayor tiempo de retención de los desperdicios dentro del sistema extenderá el proceso de mineralización, y por ende producirá una mayor cantidad de compuestos disponibles para los vegetales. No obstante, se debe considerar que estos mismos sólidos, ante un manejo deficiente, 11 pueden acumularse y tapar las cañerías, creando condiciones de anoxia al consumir oxígeno, y producir además, ácido sulfhídrico (gas tóxico), y desnitrificación (liberación de nitrógeno gaseoso). En contraposición, al eliminar excesivamente los sólidos retenidos en el sistema, se puede llegar a causar deficiencias en las plantas por carencia de nutrientes y esta forma, se requerirá algún tipo de suplemento. Para permitir una correcta y abundante mineralización de los sólidos en el sistema, deberá proveerse un contenedor específico para dicho objetivo, el que deberá estar provisto de buenas condiciones de oxigenación y flujo de agua.

Filtro biológico:

En todo sistema de recirculación, se presta especial atención a los procesos biológicos vitales de los organismos bajo cultivo, con la nitrificación. Este proceso, también llamado biofiltración (o filtración biológica), involucra en los SRA la transformación del nitrógeno excretado al medio por los organismos cultivados, desde un estado que representa toxicidad (NH_3=amoníaco) a otro relativamente inofensivo (NO_3=nitrato), por parte de una población de bacterias especializadas a tal fin. Este es un proceso muy importante y vital en el ciclo del nitrógeno en la naturaleza (Figura 3), y aunque también existen otros procesos en el ciclo de este abundante elemento químico, como la fijación del nitrógeno atmosférico, la descomposición o amonificación, y la desnitrificación, aquí se aplica fundamentalmente al proceso mencionado primeramente.

Se deberá recordar la importancia del nitrógeno en la composición de todas las formas de vida existentes el planeta. Dicho elemento químico, es el más abundante en la atmósfera de la tierra (78% vs 21% O_2), está presente en todos los aminoácidos que forman las proteínas, y es además el más importante nutriente inorgánico para las plantas.

La acumulación del nitrógeno en los sistemas de acuicultura es debido a la alta carga de este elemento ingresada al sistema como parte del alimento, dado que este posee una carga importante de proteínas en su composición, y es liberado por los peces al agua luego de alimentarse y metabolizar estas proteínas. Como sólo 1/3 aproximado del alimento ingerido por los peces es transformado en carne, el resto se metaboliza y es liberado a la columna de agua como amoníaco excretado (vía branquias, orina y fecas), según Jchapell, 2008. Otro aporte de Nitrógeno, es también producido por la descomposición orgánica de los desechos sólidos en el sistema.

El nitrógeno amoniacal total (NAT) en el agua, se compone de amonio no ionizado o amoníaco (NH_3) y amonio ionizado (NH_4^+) y ambos se encuentran en equilibrio sujeto a la temperatura del agua y al pH (Figura 4). Este equilibrio y su relación con esos factores, son importantes a la hora de evaluar la toxicidad del amoníaco para los peces, dado que los medidores de compuestos nitrogenados no discriminan los porcentajes de cada uno, debiéndose remitir el valor medido a esta función, para poder determinar la incidencia del NH_3.

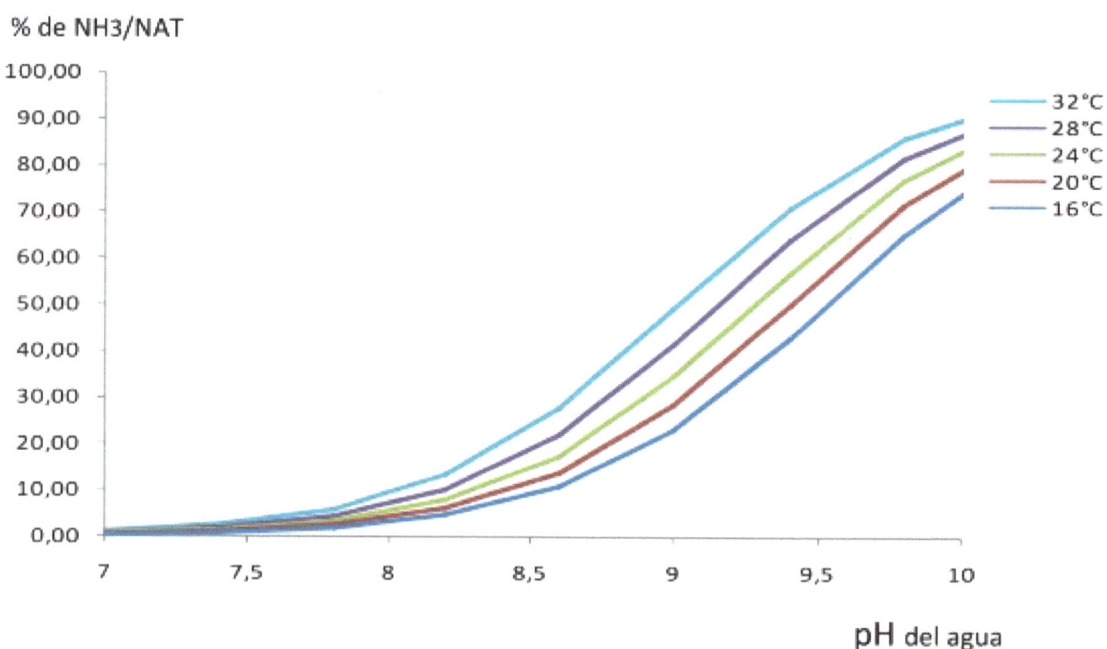

Durante la nitrificación, el NAT es paulatinamente convertido en una primera fase o etapa a nitrito (NO2) y de manera simultánea al producto final nitrato (NO3) por las bacterias autotróficas, conocidas como nitrificantes (Figura 5). Estas bacterias, pertenecen a dos grupos genéricos denominados Nitrosomas (productoras de NO2), y Nitrobacter (productoras de NO3). Dichas bacterias son estrictamente aeróbicas, ya que el proceso, es básicamente una oxidación:

NAT (NH3 ⇌ NH4) + BACTERIAS + O2 ⇒ NO2 + BACTERIAS + O2 ⇒ NO3

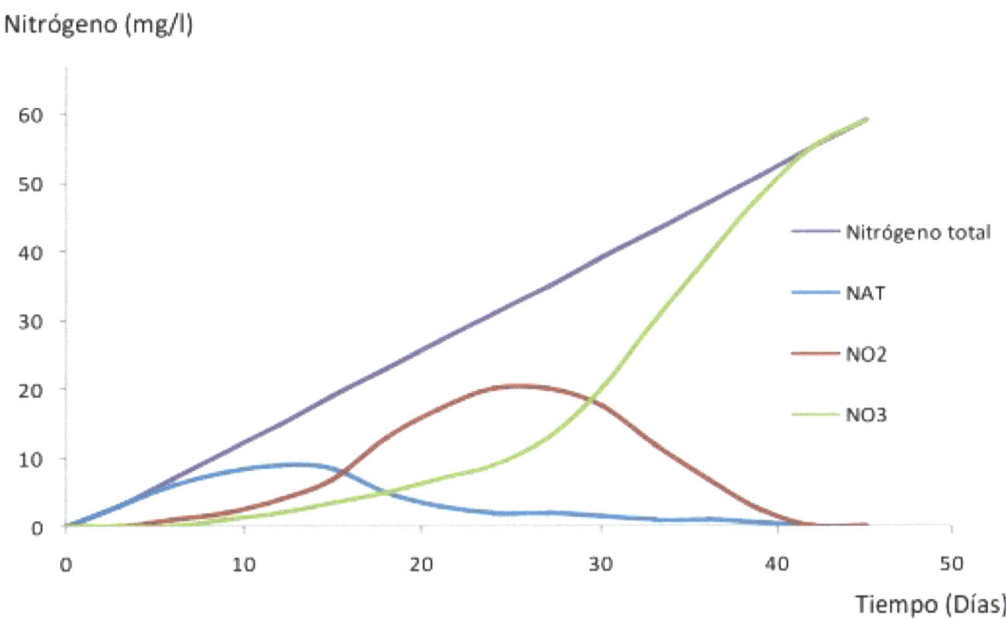

El amoníaco es extremadamente tóxico para los peces, valores menores a 1 parte por millón(ppm), o miligramo por litro (mg/l), comprometen la sobrevida de muchas especies e incrementan el estrés en muchas otras; dependiendo del tiempo de exposición. Inclusive, concentraciones más bajas desde 0,02 a 0,07 ppm, han demostrado reducir el crecimiento y provocan daños en los tejidos branquiales (Masser, et al. 1999).

Los nitritos, son un producto intermedio en el proceso de nitrificación y también son tóxicos para los peces en concentraciones relativamente bajas, dependiendo de la especie. Una incompleta nitrificación producirá nitritos en lugar de nitratos, disminuyendo el crecimiento de peces por estrés, e incluso, puede provocar la enfermedad conocida como "de la sangre marrón"; cuando este compuesto ingresa en el sistema sanguíneo de los peces y produce metahemoglobina.

Además, también provocará en el sistema acuapónico una carencia de nutrientes para los vegetales.

Los nitratos pueden llegar a ser tóxicos para los peces solo en concentraciones muy altas, mayores a 300-500 ppm, valores que nunca llegarán a concentrarse existiendo una apropiada densidad de vegetales en el sistema. Las bacterias son absolutamente reguladoras del equilibrio en el sistema, ya que cumplen la función vital de "desactivar" mediante esta transformación la toxicidad del amoníaco, y a su vez dejar disponible el nitrato, el nutriente principal para las plantas (si bien los tres compuestos nitrogenados pueden ser utilizados por las plantas, el nitrato es de lejos, el compuesto más asimilable):

MADURACIÓN DEL BIOFILTRO

La maduración del biofiltro o también llamado ciclado del sistema, es un proceso inicial en todo SRA, incluyendo los módulos acuapónicos. Mediante este proceso se busca desarrollar y establecer una colonia bacteriana que luego realizará la tarea de nitrificación antes descripta.

Es un proceso que toma aproximadamente 3-5 semanas en condiciones normales, y requiere el agregado constante de una fuente de amonio para alimentar y posibilitar el desarrollo de dicha colonia, creando de esta manera el biofiltro del sistema. El proceso es lento debido al pobre crecimiento de las bacterias nitrificantes y puede durar hasta dos meses en condiciones de bajas temperaturas.

Durante este proceso deben ser monitoreados los niveles de nitrógeno en sus compuestos NAT, NO2, y NO3, para poder evaluar el estado del proceso de nitrificación.

Es un requisito proteger el sistema de la luz solar directa, la cual inhibe el crecimiento de las bacterias por los rayos UV contenidos. Además debe considerarse que durante el ciclado habrá altos niveles de amonio y de nitritos, los cuales representan mucho peligro para los peces, por lo cual se aconseja no introducir peces al sistema hasta no estar completo el proceso.

La fuente de amonio deberá agregarse al sistema de una manera continua pero cautelosamente, evitando concentraciones >= 2-3 mg/l que pueden ser tóxica para la misma colonia en desarrollo. Luego de aproximadamente 5 a 7 días del primer ingreso de amonio al sistema comienza la oxidación del producto a nitrito, y luego de un período similar de tiempo deberán notarse incrementados los niveles de nitritos, lo cual estimula a la oxidación de éstos y la aparición de nitratos.

Al cabo de 25 días aproximadamente, se deberá comenzar a notar en las mediciones un decaimiento en los niveles de nitritos, a la vez que se elevan sostenidamente las concentraciones de nitratos. Hacia el día 40 ya deberá estar formada la colonia y convertir activamente el amonio a nitrato.

Existen posibilidades para acelerar el proceso, como compartir parte de un biofiltro desde un sistema que ya esté en funcionamiento con anterioridad, lo cual permitirá un desarrollo más rápido de colonización. También existe la posibilidad de inoculación directa de colonias vivas que 15 pueden venderse en casas de acuarismo, aunque esto puede no estar disponible, o representar un costo extra elevado e innecesario.

Balance del sistema acuapónico:

Debido que un sistema acuapónico involucra cantidades de proteínas metabolizadas, como una capacidad de biofiltración y además de un poder determinado de absorción de los nitratos, a la hora de montarlo, se deberá considerar la importancia de mantener un balance de cargas en las tres principales comunidades presentes en el sistema acuapónico: peces, plantas y bacterias.

El balance dentro del sistema acuapónico, describe un equilibrio dinámico entre los tres principales grupos de organismos involucrados. Se trata del objetivo desde el punto de vista biológico para poder lograr el éxito del sistema productivo. Este equilibrio, puede compararse con una báscula que sostiene en brazos opuestos a los peces y las plantas, siendo el punto de apoyo o soporte, la colonia de bacterias nitrificantes (Figura 6):

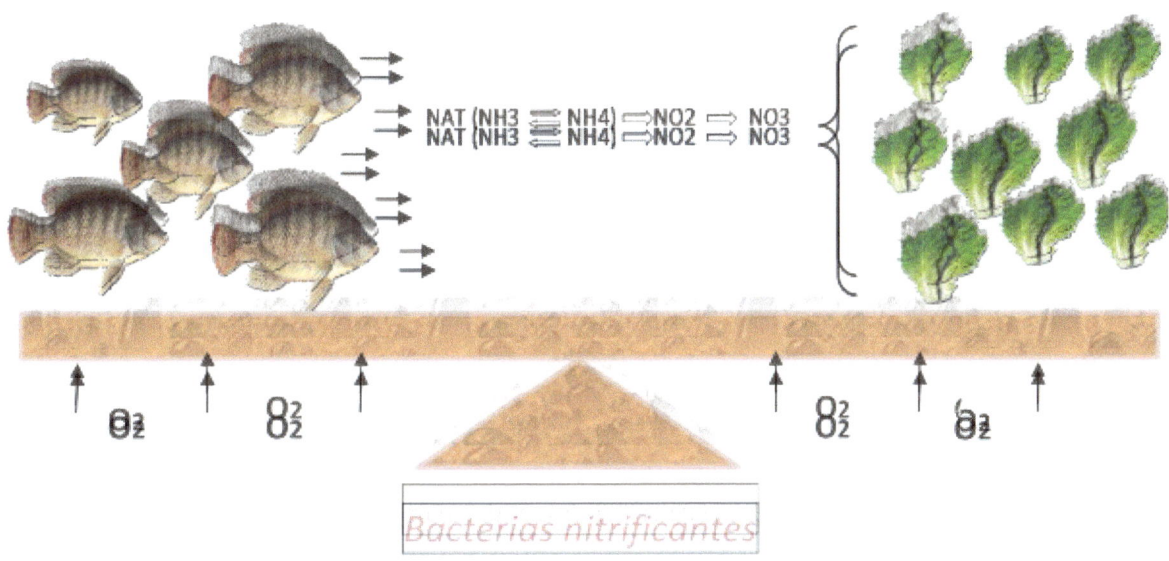

Lograr este equilibrio, además de mantenerlo en el tiempo nunca es fácil, y requiere de un manejo adecuado referido a la selección de peces, plantas, cantidades y densidades a aplicar, tamaño del biofiltro (adecuada superficie para biofiltración), etc.; manejos que repercutirán en el logro de una adecuada calidad de agua, la que deberá monitorearse periódicamente y realizar las correcciones que fueran necesarias.

Esta "balanza", deberá contar con un biofiltro lo suficientemente robusto, capaz de sostener a sus componentes, los que deberán a su vez, equilibrarse para lograr un rendimiento cercano a la máxima capacidad de carga del sistema, mejorando el potencial de ganancias. Crear y mantener O_2 saludable una población bacteriana en el sistema, jugará un papel fundamental. Así, se garantizarán las condiciones iniciales para la formación de la colonia; ofreciendo un área suficiente que les brinde alojamiento, y una fuente de amonio primaria, además de mantener los parámetros físicos y químicos en el agua, dentro de los rangos del proceso de nitrificación.

Mediante sencillos kits colorimétricos de mediciones, se debe evaluar periódicamente el desempeño del biofiltro, al cuantificar la presencia de los distintos compuestos nitrogenados dentro del sistema, evitando por ejemplo, valores mayores a 1 mg/l de NAT, y de nitritos, NO_2, lo que denotaría una falta de nitrificación con el consecuente estrés y riesgo de muerte a nuestra población de peces (dependiendo de la especie).

El producto final de la nitrificación, NO_3, debe mantenerse también en valores controlados, que variarán según la especie, pero no deberían superar los 300 mg/l. Con una cantidad bien dimensionada de vegetales dentro del sistema, no se deberían alcanzar los valores mencionados. Contrariamente, valores menores a 10 mg/l de este producto, producirán una carencia de nutrientes para los vegetales del sistema; lo que podría deberse a una carga insuficiente de peces en el mismo.

Los sistemas acuapónicos mantienen condiciones ambientales variables y modifican regularmente las tasas de alimentación, la correspondiente a la retención de los sólidos (por filtrado), y la tasa de mineralización; por lo cual, los niveles de nutrientes en el agua son variables y difíciles de predecir (Rakocy, et al. 1997). El monitoreo diario del estado de sanidad de los peces y de las plantas brindará la información necesaria sobre el balance en el sistema. Enfermedades y deficiencias nutricionales (y/o mortalidades) se traducen como síntomas de un sistema desbalanceado.

Una manera de simplificar los cálculos para equilibrar el sistema, es cuantificar la cantidad de alimento ingresado diariamente (el que será un precursor de los nutrientes generados) y relacionarla con la superficie del cultivo vegetal. Ello dependerá también del potencial del sistema de biofiltrado, el que actuará como un intermediario obligado.

Esta tasa de alimentación proporcionada, depende de varios factores, para poder determinarla:

• Capacidad a la que funcionará el sistema

• Método de producción seleccionado (escalonado o por lote)

• Tipo de pez a cultivar y hábitos alimentarios (cantidad de proteínas requeridas)

• Tipos de vegetales a cultivar Algunas tasas orientativas recomendadas por Somerville (2014) son las siguientes:

Para 1 m2 de cultivos de hoja (lechugas, acelgas, rúcula, etc)………………….40/50 gr de alimento/día

Para 1 m2 de cultivos de frutas (tomates, pepinos, frutillas, etc)…………….50/80 gr de alimento/día

Calidad de agua.

Para poder entender mejor la importancia la calidad del agua en el sistema acuapónico, se lo puede asemejar a la función de la sangre en el sistema circulatorio de un organismo animal, que provee y distribuye los nutrientes, el oxígeno y cumple además, con las funciones necesarias para el desarrollo saludable del mismo. El agua, provee los macro y micro nutrientes a los vegetales de cultivo, y es el medio por el cual los peces reciben además el oxígeno y donde emiten sus excreciones que luego se depurarán. Los 5 principales parámetros que definen la calidad del agua en un SRA son: temperatura, oxígeno disuelto, pH, compuestos nitrogenados y alcalinidad.

Cada uno de estos parámetros físicos y químicos influyen directamente en los tres componentes principales del sistema: peces, plantas y bacterias; motivo por el cual debe alcanzarse una calidad de agua compatible en lo posible, con los rangos de tolerancia específicos
Temperatura.

Tipo de organismo	*Temp. (°C)*	*pH*	*NAT (mg/l)*	*N02 (mg/l)*	*N03 (mg/l)*	*OD (mg/l)*
Peces aguas cálidas	22-32	6-8,5	<3	<1	<400	4-6
Peces aguas frías	10-18	6-8,5	<1	<0,1	<400	6-8
Plantas	16-30	5,5-7,5	<30	<1	-	>3
Bacterias nitrificantes	14-34	6-8,5	<3	<1	-	4-8

Tabla 1. Rangos generales de tolerancia de calidad de agua para peces (aguas cálidas y aguas frías); plantas y bacterias nitrificantes, según Somerville (2014).

Dentro de estos rangos de tolerancia para cada factor, se encuentran valores óptimos para el desarrollo y crecimiento de cada componente, que pueden diferir entre sí. Buscar la mejor combinación respecto a estos requerimientos y mantener los parámetros mencionados bajo control en el mejor equilibrio posible para el ecosistema, permitirá un desarrollo exitoso desde el punto de vista biológico y económico.

Si bien cada parámetro por sí solo es importante, se debe considerar la interrelación total de todos los parámetros, ya que estos interactúan algunas veces de manera compleja. Algunos parámetros, Deberán ser monitoreados en forma diaria, como por ejemplo la temperatura, el oxígeno disuelto y el pH; mientras que otros controles, sobre los compuestos nitrogenados, por ejemplo, pueden realizarse con menor frecuencia una vez establecida la función de nitrificación.

Temperatura

En cuanto a la temperatura, como este factor determinará la tasa metabólica de los peces, el productor deberá buscar mantenerla en rangos para obtener el buen crecimiento de la especie seleccionada y no deberá sólo "ajustarse" simplemente a rangos de sobrevivencia. Dentro de los rangos de temperatura que toleran las especies de peces, las tasas de crecimiento aumentan a medida que la temperatura aumenta, hasta alcanzar la óptima de cada una. Sobre esta temperatura, los procesos metabólicos y requerimientos energéticos se incrementan al igual que las conversiones de alimento en carne (Factor Relativo de Conversión Alimentaria=FCR), perjudicando la rentabilidad.

Contrariamente, con el descenso de las temperaturas, al perder potencial el crecimiento de los peces, se producirá un desbalance económico dentro del sistema, el que podría además ser inadvertido, al perder rentabilidad el componente de producción piscícola, sin atisbarse la pérdida real en el sistema integrado. Cabe mencionar que dentro del flujo monetario en los sistemas acuapónicos, y para el caso de cultivo de lechuga por ejemplo, el 2/3 aproximado de los ingresos corresponden al componente vegetal; mientras que 1/3 del mismo, se refiere a la producción animal (Rakocy, et al. 2004).

La relación inversamente proporcional de la temperatura con la solubilidad del oxígeno en el agua, juega un papel importante en los procesos biológicos del sistema, y deberá tenerse en cuenta en todo momento, objetivando el manejo preventivo o correctivo; así como su directa relación de dicho factor con la toxicidad de los compuestos nitrogenados.

Oxígeno disuelto:

El oxígeno es el parámetro químico que incide en forma determinante sobre la calidad del agua, dado que en su ausencia, es cuando más rápidos y drásticos efectos produce (los peces pueden morir en horas), así como también a bajas concentraciones, puede disminuir considerablemente el proceso de nitrificación, no llegando a completarse. El garantizar concentraciones altas de oxígeno en el sistema, es vital para los peces, los vegetales y también, de manera especial, para los distintos grupos de bacterias presentes en el sistema; que lo utilizan en los procesos claves (oxidación de los compuestos nitrogenados y en descomposición de la materia orgánica).

La solubilidad del oxígeno es inversamente proporcional a la temperatura del agua, condición que se contradice con el aumento metabólico (mayor necesidad de oxígeno) de los peces al incrementarse la temperatura. También se verá aumentada la demanda de oxígeno al incrementarse los otros procesos biológicos dentro del sistema. Por estas razones, es recomendable evitar las fluctuaciones térmicas, tanto como sea posible; a fines de mantener la concentración de oxígeno en niveles estables, vitales y necesarios. Es recomendable mantener dicho parámetro, siempre en concentraciones superiores a 3 mg/l; siendo deseable 5mg/l, o más. Para tales resultados, se deberán buscar alternativas y métodos de aireación dentro de los diferentes componentes del sistema. Aunque se pueden emplear el oxígeno de manera directa, inyectándolo desde tubos presurizados, la presencia de este gas en el aire atmosférico del 21%, permite incorporarlo de buena manera al agua, mediante aireadores de distintos tipos, disminuyendo así costos.

La eficiencia de las bombas de compresión de aire, dependerá de la potencia que ejerzan y de la porosidad de las piedras difusoras; siendo deseable la emisión de burbujas de pequeño tamaño para una mayor relación superficie/volumen, que genere mayor intercambio gaseoso. Dichas piedras, deben controlarse, ya que tienden a taparse con materia orgánica, perdiendo eficiencia. Por ello, es recomendable su limpieza periódica o eventuales recambios, considerándose además que el incremento de biomasa de los peces, conlleva a un aumento de la demanda total de oxígeno disuelto. El equipamiento para la medición del oxígeno, suele ser de alto valor, pero nunca debería faltar en un sistema acuapónico como el explicado.

Ph:

El pH es una medida de la concentración de iones de hidrógeno en el agua (H+). Se presenta en una escala logarítmica negativa (mayores valores=menores concentraciones de H+), con valores que van en una escala del 1 al 14. Al ser la escala de tipo logarítmica, cada punto de diferencia representa concentraciones 10 veces mayores o menores; 2 puntos 100 veces, 3 puntos 1000 veces, y así sucesivamente. El punto medio, valor 7, se considera neutral (H+=OH-), los valores menores representan acidez (H+>OH-) y los valores mayores, basicidades (H+ <OH=)

Este importante parámetro que influye sobre la calidad del agua, interviene además en muchos otros procesos, tomando especial importancia en la determinación, junto a la temperatura, el % de toxicidad (% amonio no ionizado (NH3) del nitrógeno amoniacal total. Interviene también en la disponibilidad de los nutrientes, que obtienen las plantas de manera diferenciada (Tabla 2), por lo que se debe mantener en valores equilibrados a tal fin. Los valores cercanos a la neutralidad (pH= 7) son recomendables y deseables para los sistemas acuapónicos, dependiendo en cierta medida de las selección de peces y plantas a cultivar efectuada, ya que dichos valores, armonizan con los procesos involucrados, de índole biológicos naturales.

Dureza y alcalinidad:

La dureza general, expresa la medida de iones positivos (cationes) en el agua, compuestos principalmente por Calcio (Ca+) y Magnesio (Mg+), y en menor medida por Hierro (Fe+). La dureza de los Carbonatos, o alcalinidad, es una medida de los carbonatos (CO_3^{--}) y bicarbonatos (HCO_3^-) presentes y disueltos en el agua, y se miden en mg/l de Carbonato de Calcio ($CaCO_3$).Tanto el Calcio como el Magnesio (al igual que otros micronutrientes como el hierro y el potasio), son nutrientes esenciales para las plantas, las que los toman directamente del agua, por lo que la dureza general es importante para el sistema acuapónico; pero la alcalinidad tiene una relación particular y determinante con el valor de pH del agua.

Los Carbonatos y Bicarbonatos, representan una medida de amortiguación de la alcalinidad del agua, también conocido como el poder "buffer" del agua, contra los potenciales descensos de la misma y sus consecuencias. La razón del poder neutralizante, es que estos compuestos poseen carga negativa y capturan los iones hidrógenos (H+) liberados al agua, producto del proceso de nitrificación u otro proceso que aumente la acidez. La nitrificación, es un proceso que produce ácido nítrico y consume alcalinidad, por esta razón comúnmente, se deben agregar bases para mantener valores estables en el pH del agua.

La estabilidad en el pH en el sistema, es importante para reducir, principalmente, el estrés de los peces. Se necesita garantizar una fuente de agua con relativa alcalinidad en las renovaciones de agua que se realicen en el sistema, a fin de evitar su acidificación. Se considera apropiado mantener una concentración de entre 60-140 mg/l $CaCO_3$ para un sistema acuapónico.

Otros parámetros y fuentes de agua.

La conductividad eléctrica, es otro de los parámetros importantes a medir, empleado en el mantenimiento de la calidad del agua y se mide en microSimens por centímetro (μs/cm). Sus resultados responden a la salinidad (cantidad de sales disueltas en el agua), principalmente el Cloruro de Sodio aunque en realidad, todos los nutrientes disueltos representan sales, las que pueden medirse también, como Sólidos Totales Disueltos (STD), cuantificados generalmente en partes por millón= miligramos por litro (ppm= mg/l) y partes por mil = gramos por litro (ppt= gr/l).

Las mediciones de conductividad y/o salinidad, son comúnmente utilizadas para hidroponia, como medidas de los nutrientes disueltos, aunque estas no ofrecen una medida precisa de los niveles de nitratos. Debe considerarse de suma importancia la toxicidad del Sodio frente a los vegetales, por lo que se considera apropiada una conductividad, que no sobrepase los 1500μs/cm, o las 800 ppm de STD (como referencia, se detallan valores medios del agua marina: 50000 μs/cm; o 35000 ppm). La salinidad, cobra especial importancia a la hora de seleccionar la fuente de agua de abastecimiento al sistema, ya que necesitará una adición permanente de agua (entre el 1 y 3 % diario), debido a la absorción por parte de los vegetales, así como también las pérdidas por evaporación. Además, se deberá recambiar el agua en situaciones de emergencia ante faltas de energía, para evitar las mortalidades en los peces, o ante eventuales concentraciones de nitratos en niveles que excedan los límites de tolerancia, o los prefijados como límites por el productor.

La recolección de agua de lluvia, es considerada una buena medida para reducir costos. Esta fuente de agua, no posee ningún tipo de sales al ser destilada en forma natural, y la falta de dureza, puede ser compensada con el agregado de Carbonatos. Al utilizar este recurso, se deberá tener precaución en determinadas zonas afectadas por las denominadas lluvias ácidas. Cuando el agua es extraída de pozos, o acuíferos, su calidad dependerá en gran medida del material con que esté compuesto el suelo que atraviesa. En zonas con piedras calizas o suelos rocosos, suelen tratarse de aguas duras y aunque ello no represente un problema (ya que los sistemas de recirculación consumen alcalinidad), puede necesitarse la adición de ácidos para alcanzar un pH deseable para el sistema.

Dinámica de nutrientes.

Para su crecimiento máximo, los vegetales del sistema, necesitarán los elementos esenciales que deben encontrarse balanceados correctamente, pudiéndose dividir de manera general en macro nutrientes (necesarios en cantidades relativamente grandes), y en micronutrientes (necesarios en cantidades relativas mínimas). Los macro nutrientes, incluyen el carbono (C), Oxígeno (O), Hidrógeno (H), Nitrógeno (N), Potasio (K), Calcio (Ca), Magnesio (Mg), Fósforo (P) y Azufre (S). Los micronutrientes por su parte, incluyen el Cloro (Cl), Hierro (Fe), Manganeso (Mn), Boro (B), Zinc (Zn), Cobre (Cu) y Molibdeno (Mo).

Para su proceso básico de fotosíntesis, los vegetales utilizan el carbono (C) disponible en el Dióxido de Carbono atmosférico (CO_2), el Oxígeno e Hidrógeno del agua (HO_2), sumado a la Energía proveniente de la luz, que capturan sus hojas o láminas foliares.

Todos los demás nutrientes, llamados en general, sales inorgánicas deben ser absorbidos del suelo donde están arraigados, o en el caso del cultivo acuapónico del mismo agua de cultivo.

Los desperdicios sólidos en los SRA, involucran en su composición a todos los nutrientes esenciales para las plantas, y existe una acumulación importante de nitratos y otros nutrientes principales. Sin embargo, existen cantidades limitadas y desbalances referidos a aquellos valores de requerimientos en los vegetales. Es decir, que aunque el alimento de los peces posea generalmente, todos los elementos mencionados con anterioridad; los mismos, se encuentran en un balance preparado para los peces por esto, suele notarse un déficit en las plantas, a través del tiempo, en algún compuesto (incluso, en sistemas apropiadamente balanceados en su carga).

Generalmente, ocurre que se ve comprometida la solubilidad de algunos de estos compuestos en su relación al pH del agua (Figura 7), o se encuentran en algún estado no disponible para las plantas; porque no se ha desarrollado efectivamente, el proceso de mineralización.

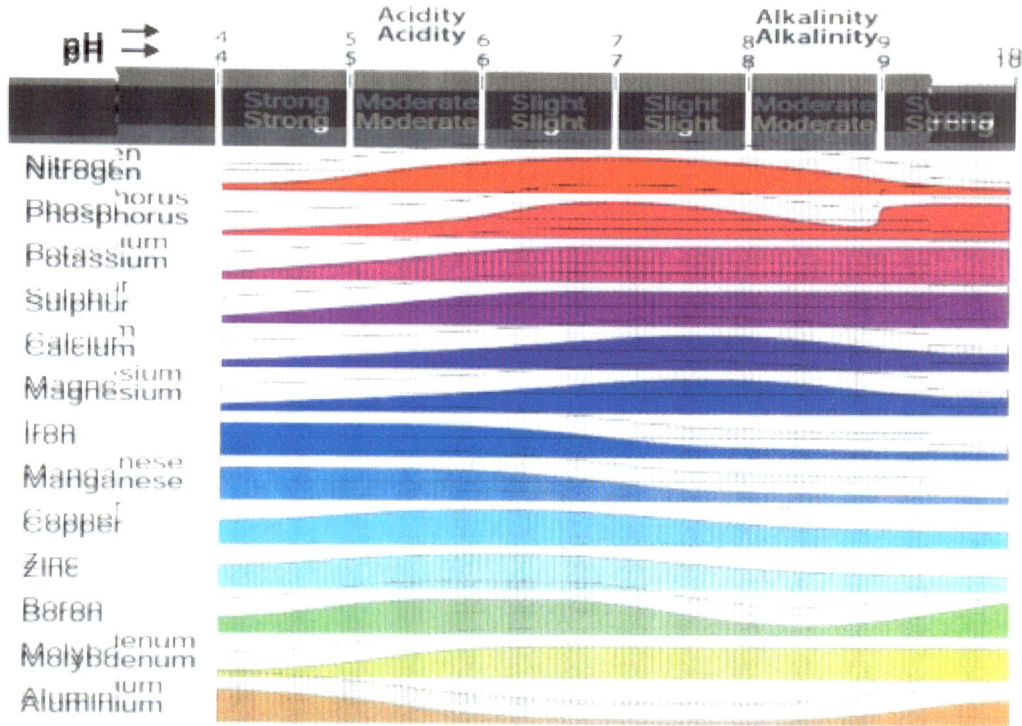

Figura 7: Influencia del pH en la disponibilidad de los distintos nutrientes para las plantas (extraído de Somerville, 2014).

Debe mencionarse también, la interrelación entre los nutrientes existentes entre los cuales, algunos en altas concentraciones, pueden influir en la biodisponibilidad de otros. El Fe, K y Ca derivado del alimento de los peces, son insuficientes para la producción hidropónica vegetal y deben suplementarse adicionándolos al sistema (Rakocy, et al., 1993).

Diseño de unidades acuapónicas.

Un sistema acuapónico, puede construirse con un incremento modesto de área en comparación con una instalación hidropónica, y se requiere una proporción alta (entre 2-10 a 1) entre superficie de cultivo de los vegetales y la superficie para los peces, de forma tal de mantener un sistema balanceado correctamente (Rakocy, et al. 2006).

Existen 3 modelos diferenciados para el montaje de un sistema acuapónico, partiendo de la base general de un SRA, y radicando básicamente sus principales diferencias en el componente hidropónico del sistema. Estos métodos de cultivo hidropónico se denominan: Técnica del film nutritivo (o NFT, de las siglas en inglés "Nutrient Film Technique"); Cultivo de aguas profundas (o balsas flotantes) y lechos de sustratos. Cada uno de estos modelos, presenta características diferentes, por lo que mantienen ventajas y desventajas uno respecto del otro, a la hora de compararles. Estas características influyen a la hora de seleccionar el sistema más apropiado para su montaje, según el objetivo de cada producción.

Técnica del film nutritivo - NFT Este método se basa en el montaje de caños agrupados, que pueden ser de distintas longitudes y diámetros, utilizados como canaletas en las que corre una fina película de agua, con solución nutritiva, para luego volcarlas en un reservorio; de tal forma que fluyan hacia el sistema nuevamente. Dichas cañerías (generalmente plásticas), poseen ranuras donde se colocan los vegetales en algún recipiente plástico rasurado, manteniendo suspendidas sus raíces en contacto con la película de la solución circulante (Figura 8).

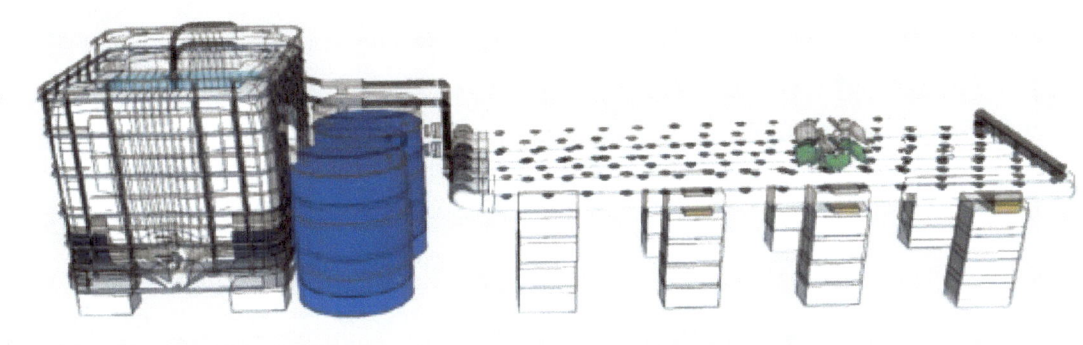

Figura 8: Diseño general a baja escala de un sistema NFT (Somerville, 2014).

El NFT es el método más popularizado en hidroponia, permitiendo gran versatilidad y practicidad a la hora de su montaje, pudiéndose inclusive, diseñar sistemas verticales que logran un aprovechamiento del espacio en lugares reducidos, obteniendo así, altos rendimientos de producción por superficie. Presenta además una ventaja, en cuanto a la buena oxigenación, al estar la película del agua en contacto con abundante aire dentro de las canaletas.

Este sistema es indicado para plantas que no requieran de mucho sostén, como por ejemplo lechugas, perejil, o demás plantas denominadas "de hojas". Es el método que utiliza el menor volumen de agua (aproximadamente ¼ del volumen de aguas profundas, y ½ de lechos de sustratos); por lo que es el más propenso a fluctuaciones térmicas y otras variables como el pH. Esta diferencia de volumen, también suele provocar una concentración mayor de nutrientes en el agua que en los otros sistemas, por lo que se debe considerar de importancia al momento de evaluar el balance de cargas del sistema. Debido a la escasa superficie de contacto del agua en las canaletas para la colonización por las bacterias nitrificantes, comparados con las otras técnicas, los cultivos que emplean NFT requieren un diseño por separado de ambos tipos de filtros previo al paso del agua por las canaletas, tanto de tipo mecánico para separación de sólidos como biológico, a fines de una correcta nitrificación.

Cultivos en aguas profundas (o balsas flotantes).

Los cultivos de aguas profundas o también llamados de "balsas flotantes", se caracterizan por el gran volumen de agua que hace las veces de reservorio del sistema, además de alojar al componente vegetal del mismo.

Estos reservorios, pueden construirse con cajones, bateas, artesas, etc., los que se llenan enteramente, y flotando en ellos, se colocan planchas de tergopol u otro material similar, en el cual se realizan perforaciones que alojen, en recipientes rasurados, los vegetales a cultivar (Figura 9 y 10).

Esta modalidad fue utilizada en los ensayos en CENADAC, donde para los peces se utilizó un tanque de cemento de 500 Lt de capacidad, y para los vegetales se utilizó el sistema de balsas flotantes en una cama elaborada en caño estructural, sosteniendo internamente una lona impermeable de 2mt de largo x 1 de ancho, y 25 cm de columna de agua (500 Lt). Sobre la misma se ubicaron las planchas de tergopol de 4cm de grosor, con perforaciones para ubicación de las plantas, en vasos del mismo material rasurados en el fondo, para permitir el desarrollo de las raíces.

Figura 9. Montaje de una balsa flotante para el cultivo hidropónico-CENADAC.

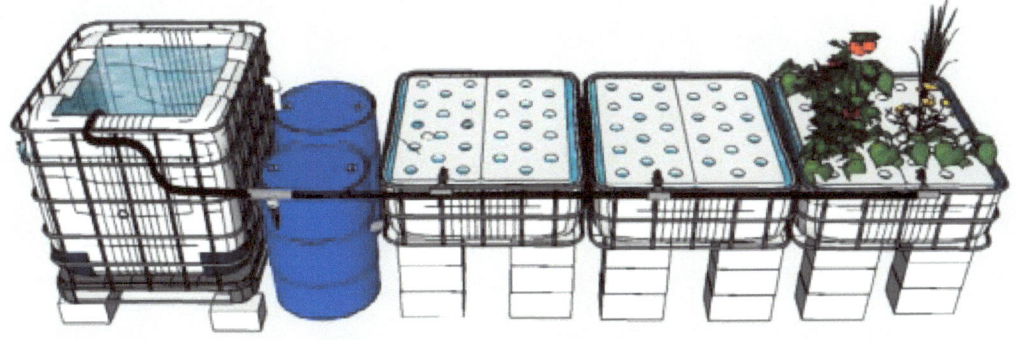

Figura 10. Diseño a baja escala de un sistema de aguas profundas o balsas flotantes (Somerville, 2014)

En las escalas comerciales, los canales largos y profundos con planchas de poliestireno, soportan los vegetales en la superficie del agua, con sus raíces suspendidas; exponiéndolas plenamente al agua del sistema. Las planchas protegen al agua de la exposición solar y de la incidencia de la temperatura ambiental. La gran masa de agua, brinda en estos sistemas una gran estabilidad térmica y de la calidad del agua en general; lo que los hace aconsejables para zonas de marcada amplitud térmica. También permite una carga de peces relativamente alta, generando mejores rendimientos económicos en el componente acuícola y es el método de cultivo que mejor se adapta a una escala comercial, por su gran practicidad en el manejo de la hidroponia al facilitarse y ordenarse las tareas de siembra y cosecha.

Otra gran ventaja de estos sistemas radica en que no necesitan el montaje de un biofiltro, porque cuando son dimensionados y balanceados correctamente, la nitrificación se logra exitosamente, al preveerse suficiente superficie generada por las balsas, y toda la estructura del componente hidropónico, incluyendo las raíces de las plantas. Combinar la biofiltración con la hidroponia es una de las mayores ventajas de la acuaponia, al eliminar el gasto que representa el biofiltro en los SRA.

Como requisitos del sistema, se pueden citar la necesidad de una buena oxigenación dentro del componente hidropónico, generalmente lograda con aireadores de funcionamiento continuo y a la necesidad de una buena filtración mecánica; incluyendo más de una unidad de filtración, cuando se trata de unidades comerciales, con agregado de sedimentadores e inclusive tanques de desgasificación post filtros mecánicos.

También deberán protegerse las raíces de las plantas por posibles ingresos de parte de los peces al componente hidropónico, los que podrían consumirlas limitando el crecimiento. También, deberán combatirse los caracoles, con agregado de peces carnívoros en las unidades hidropónicas u otros métodos de control biológico.

Cultivos en sustratos.

Esta modalidad tiene similitudes con el cultivo de aguas profundas en las estructuras, excepto que aquí los lechos se encuentran enteramente llenos de algún tipo de material inerte, elemento que brindará una serie de beneficios al sistema (Figura 11).

Figura 11: Diseño a baja escala de un sistema de lechos de sustratos (Somerville, 2014)

La primera función que cumple el sustrato utilizado en los lechos, es brindar una importante superficie de contacto para el alojamiento y colonización de las bacterias nitrificantes; destacándose como el método más eficiente con respecto al proceso de nitrificación, evitando la necesidad de instalación de un biofiltro. Dependiendo de su composición, estos sustratos pueden llegar también a proveer algunos tipos de nutrientes para el crecimiento de los vegetales.

Puede combinarse además la función de filtración mecánica, donde el mismo sustrato es utilizado para la retención de sólidos provenientes del tanque de peces, aunque de esta forma, el sistema no tolerará una alta carga de peces, haciéndolo poco viable para una escala comercial. De esta forma, cada sustrato en particular, tiene propiedades para retener y liberar nutrientes contenidos en los sólidos capturados; favoreciendo en diferentes grados el proceso de mineralización dentro del sistema. Otra función importante de este sustrato, es brindar soporte a las plantas, razón por la cual se aconseja en el caso de producciones de plantas frutales (que necesitan sostén por su peso), como tomates, pimientos, o especies rastreras, o con tubérculos, como zapallos, melones, zanahorias y remolachas, por ejemplo.

Los sistemas de sustratos pueden ser manejados con flujo continuo o por pulsos de inundación. Acá, el lecho es inundado y vaciado de manera constante. Los pulsos de inundación son muy recomendables, ya que al ingresar de manera continua aire al sustrato, se garantizan las condiciones de oxígeno necesarias para el proceso de nitrificación (Lewis, et al. 1978; Rakocy, 1984).

Generalmente, el llenado y vaciado de los lechos, se logra mediante un sistema simple de sifón automático denominado "sifón campana" (Figura 12). Es un sistema de desagüe de doble caño de distintos diámetros, complementados de tal manera, que cuando el agua alcanza cierto nivel en el espacio entre los mismos (y del lecho completo), se genera un efecto sifón. Este efecto, provoca el drenaje del agua con un caudal mayor al de su ingreso, lo que conduce al paulatino vaciamiento del contenedor, hasta que un ingreso de aire en la tubería corta el efecto (en un nivel deseado por el diseñador del sifón campana). De esta forma, el lecho comienza a llenarse nuevamente.

Existen abundantes materiales para emplear como sustrato (Figura 13), que difieren en sus características, tanto de peso como de formas, así como también en su relación superficie/volumen; razón por lo cual, deben evaluarse en particular, las características de cada uno de ellos, antes de seleccionarlos para su uso.

Figuras 12 y 13. Distintos tipos de sustratos utilizados, y diseño de un sifón "campana", utilizado para el llenado y vaciado automatizado de los contenedores hidropónicos. (Fuente:

http://www.backyardaquaponics.com/

Generalidades y componentes.

Para el desarrollo exitoso de un proyecto acuapónico, se deberá definir primariamente el objetivo de producción y establecer un plan de manejo (tanto del componente piscícola como del vegetal), con el objetivo de poder dimensionar y cuantificar las estructuras y los distintos componentes; planificando la construcción y los materiales a utilizar.

También se deberá evaluar con anticipación los factores climáticos predominantes en la zona seleccionada para el proyecto; los accesos al lugar para el traslado de materiales; fuentes de agua disponibles, y demás puntos de interés.

Selección de sitio.

La zona seleccionada para el desarrollo del proyecto deberá, en cierta medida, estar protegida de climas severos, evitando así, construcciones de estructuras onerosas que atenten contra la rentabilidad a obtener. Las zonas ventosas, no son indicadas para muchas plantas, y las lluvias intensas pueden dañar algunas estructuras generales y tendidos eléctricos, por ejemplo. Es recomendable, implementar los sistemas de acuaponia, en zonas ya niveladas naturalmente y con una buena exposición solar; teniendo presente que la mayoría de las plantas crecen bien en condiciones normales de luminosidad, aunque de ser necesario, se podrán colocar estructuras como medias sombras ante la excesiva intensidad de luz.

Deberá contarse además, con una instalación y tendido eléctrico confiable y disponer de generador eléctrico de emergencia. Opcionalmente, se incluirán sistemas automatizados que combinen energía eléctrica con baterías, energía eólica, solar, etc. Dependiendo de la composición del suelo donde se montará el sistema, deberá colocarse un colchón de piedras para nivelar y dar soporte a las estructuras y componentes del sistema. Una base cementada para los tanques de peces brindará protección y nivelación segura. Se deberá considerar muy bien el peso de los distintos componentes para brindar un soporte adecuado y evitar roturas o desmoronamientos posteriores.

Las terrazas de edificios o casas, representan una opción importante para pequeñas y medianas unidades acuapónicas, ya que se mantiene una exposición solar óptima y en general, se trata de lugares disponibles (aquí también se deberá considerar especialmente el peso de los componentes y el soporte estructural de las terrazas o techos).

Invernaderos.

La construcción de estructuras denominadas invernaderos (greenhouses en inglés), aunque no son esenciales para un normal desarrollo del ecosistema acuapónico, suelen extender la estación de crecimiento de los peces /plantas en ciertas regiones, siendo más indicadas para las zonas frías. Generalmente, se montan con estructuras metálicas, de madera o bien, plásticas; las que sostienen una cobertura total con nylon transparente para permitir el ingreso de la luz (Figura 14). Ello permite además, acumular calor y estabilizar térmicamente las condiciones internas, ya que generan una barrera contra el clima exterior. Así también se protegen del viento, la lluvia y otros factores climáticos que pudieran ser negativos para la producción

La condición aislante de los invernaderos, permite la manipulación térmica desde el interior, economizando energía, mejorando la eficiencia de calentadores, calderas, etc. Un invernadero para el sistema acuapónico, puede representar una interesante modalidad de enriquecimiento de CO2 en el ambiente atmosférico, liberado por los peces al agua y difundidos hacia el aire, a través de los sistemas de aireación (difusores dentro de los tanques para peces). Niveles elevados de CO2 en el ambiente de estructuras hidropónicas no ventiladas, han demostrado incrementos muy altos en las producciones vegetales (Jensen y Collins, 1985). Representan además, una barrera frente a los animales depredadores, insectos perjudiciales para los vegetales (plagas) y otros organismos patógenos en general.

El costo del montaje inicial puede resultar alto, dependiendo del grado de sofisticación y tecnología a incorporar en su interior.

Suele además, requerirse un buen sistema de ventilación por exceso de calor en el verano, como también el uso de redes mosquiteras en ventanas y puertas. En zonas tropicales, pueden montarse estructuras similares, con redes mosquiteras en lugar de nylon, denominadas netheouses.

En CENADAC en época invernal o de bajas temperaturas, se activaron 3 calentadores dentro del tanque de los peces, a fines de amortiguar el efecto climático junto con las características propias del invernadero. En época estival, las altas temperaturas y sus efectos (principalmente sobre vegetales) se trataron de contrarrestar con ventilación permanente, abriendo ventanas, y posteriormente con la colocación de redes medias sombras directamente sobre el módulo.

Tanque para peces.

Las unidades de cultivo de los peces, deberán seleccionarse cuidadosamente, debido a su incidencia en el costo total de la unidad acuapónica, de aproximadamente un 20 % (Somerville et al., 2014). Por otra parte, se deberán considerar los parámetros biológicos, según la especie seleccionada (como preferencias de ubicación de los peces en el contenedor), las herramientas para el manejo de los operarios, así como también, la dinámica del flujo de agua dentro de ellos; en donde se deberá priorizar un buen funcionamiento para la eliminación de los sólidos.

La forma, el tipo de material en su composición y también el color, serán determinantes en el funcionamiento y durabilidad de los contenedores. Estos, deberán cuantificarse según el plan de manejo preestablecido (cultivo por lotes, escalonados, cohortes múltiples, etc.). Así, estos deberán mantener buenos sistemas de drenajes, de carácter individual, que permitan su limpieza y el mantenimiento de las unidades por separado. Los materiales plásticos o de fibra de vidrio (Figura 15) son recomendados por su durabilidad; aunque sobre los primeros deberá considerarse la incidencia de rayos UV, ya que estos resecan el material, provocando su fácil destrucción ante eventuales golpes.

Los estanques en tierra, no se aconsejan, ya que el proceso de reciclaje natural de nutrientes dentro del sustrato del fondo, se torna beneficioso para las plantas acuáticas y palustres (Somerville et al. 2014). Además, pueden demandar la colocación de estructuras con el objeto de evitar la incidencia solar fuerte, que eleva considerablemente los costos. Pueden considerarse, no obstante opciones, como el revestir los fondos con ladrillos o recubrir con nylon el fondo del estanque.

Para proyectos a baja escala, donde se utilizarán contenedores reciclados de otras actividades, como los populares IBC (Intermediate bulk containers, Figura 16) se deberá mantener el recaudo necesarios, para evitar la emisión de posibles residuos tóxicos en el sistema, provenientes del uso original al que hayan estado sujetos dichos contenedores.

Los colores claros en la composición de los tanques, colaborarán en el contraste destinado a la visualización y control general de los peces (comportamiento, sólidos, restos de alimento), pero deberá considerarse la incidencia de la luz y el efecto no deseado de proliferación algal dentro del sistema; por lo que se aconseja evitar la transparencia del material .Por otro lado ,la coloración externa de los tanques incidirá sobre la temperatura, al captar más o menos la energía solar; por lo que pueden pintarse con colores claros, evitando el calentamiento, o colores oscuros en el caso de querer captar el calor.

Se deberá proveer asimismo de un cobertor excluyente para las unidades de cría de los peces, para evitar la incidencia lumínica sobre el agua y de esta forma, el crecimiento algal negativo. Esta medida, también protegerá a los peces de posibles depredadores, y de eventuales saltos que pudieran efectuar los mismos, fuera del contenedor.

Clarificador.

Los tanques clarificadores forman parte del proceso de filtración mecánica del agua, proceso que representa el aspecto más importante en el diseño y funcionamiento de un SRA. Se trata de unidades o compartimentos que utilizan las propiedades físicas del agua, separando las partículas gruesas o sólidos , que se acumulan dentro del circuito. Estos sólidos, muestran un papel fundamental dentro de los sistemas acuapónicos, al estimular la mineralización e incrementar los niveles de ciertos nutrientes esenciales para el crecimiento de los vegetales. Puesto que una acumulación excesiva de estos compuestos, podría generar condiciones de anoxia y producir otras reacciones químicas perjudiciales como gases tóxicos. Es deseable encontrar un balance entre una presencia extrema o muy poca acumulación de sólidos.

Los mecanismos más comunes empleados, incluyen estanques de sedimentación (Figura 17); sedimentadores de tubo, separadores de lodo, de centrífuga, filtros de micro tamices, de arena, etc.; los que varían respecto de la eficiencia, tiempo de retención de sólidos y características del efluente.

 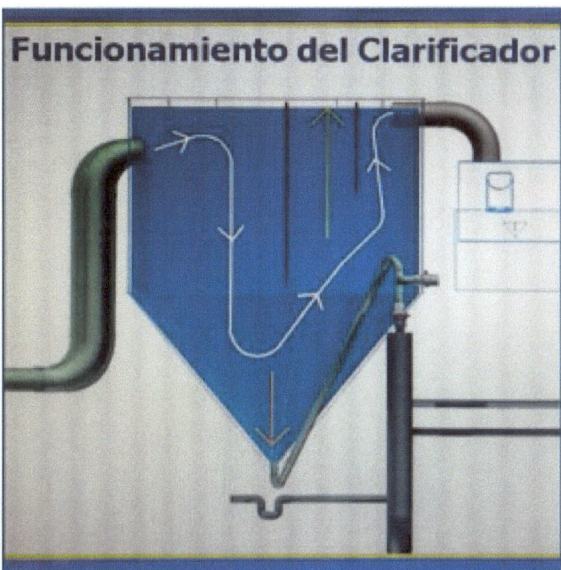

El volumen de los contenedores clarificadores y el caudal circulante, determinarán la efectividad en el funcionamiento del mecanismo de filtrado y/o sedimentación al establecer el tiempo de retención del agua. Es recomendable un lapso de retención de no menos de 20 minutos en las unidades clarificadoras, que ofrece como resultado, la eliminación más efectiva de los sólidos sedimentables (Rakocy, et al. 1993).

El sistema de limpieza de los contenedores y la descarga de sólidos, deberá ajustarse buscando lograr una dinámica de nutrientes y calidad de agua adecuadas; la que deberá ser controlada mediante monitoreos de rutina. Grandes cargas de peces, respecto de poca superficie para el cultivo de vegetales, demandarán un sistema de filtrado muy eficiente; contrariamente, cargas bajas de peces, podrían incluso eliminar la necesidad de remoción de sólidos, ya que se requerirá una mayor mineralización para evitar necesidades de suplementación de nutrientes.

Biofiltro.

Un sistema acuapónico deberá proveer superficie suficiente que permita que se establezca una colonia de bacterias nitrificantes dentro del mismo. De no ser así, se deberá montar una unidad (biofiltro), que permita el proceso de nitrificación por separado, el que deberá monitorearse frecuentemente, constatando su correcto funcionamiento.

Los sistemas que conllevan sustratos y los de balsas flotantes, si se encuentran bien dimensionados, deberán funcionar correctamente, luego del período de maduración y ajuste correspondiente; no así los sistemas NFT, los que por sus características de dimensionamiento demandan la necesidad de montaje de un biofiltro en forma separada.

Los sistemas de filtración biológica, deberán montarse posteriormente a los filtros mecánicos. Un biofiltro, generalmente concentra mucha superficie en un reducido volumen, para poder utilizar eficientemente el espacio. En el área correspondiente, se alojarán las bacterias que transformarán los compuestos nitrogenados circulantes en el sistema.

Una gran variedad de materiales inertes pueden ser utilizados para rellenar estas estructuras (Figura 18), siendo mayor su eficiencia mientras sea mayor la relación área/volumen que posean. Este material, dependiendo de la modalidad y la ingeniería del biofiltro, será sumergido permanentemente o bien, recibirá baños periódicos con el agua a tratar, de tal forma que las bacterias alojadas en dicha superficie, puedan tener acceso al amoníaco y al oxígeno.

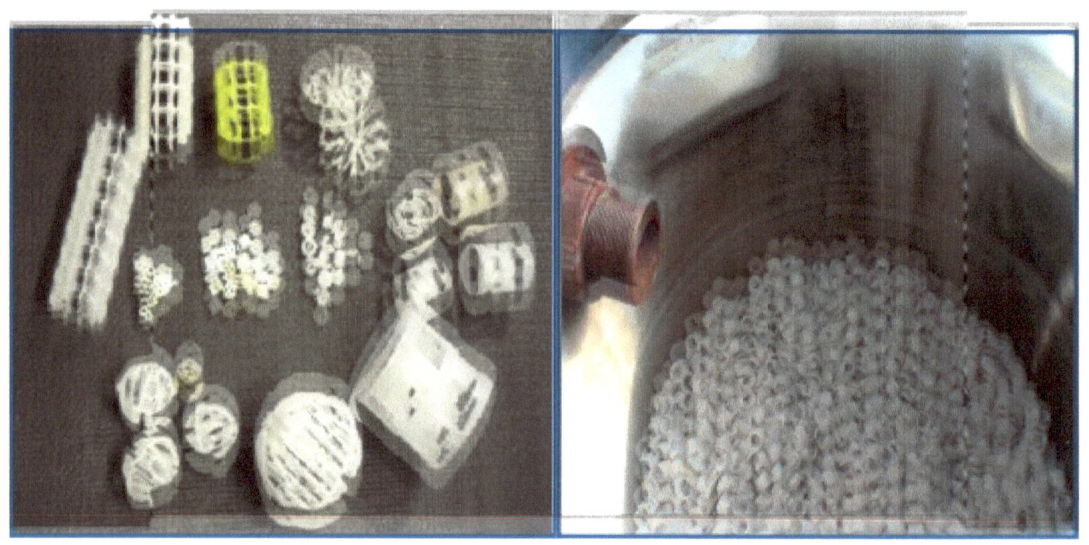

Existe una amplia variedad de estos tipos de filtros, que pueden dividirse en: a) sumergidos (lecho fijo o lecho dinámico); b) de escurrimiento (percoladores) y c) contactadores biológicos rotatorios (CBR). Todos ellos varían en sus características y eficiencia; siendo necesario efectuar una evaluación minuciosa en este aspecto, para definir el más adecuado de acuerdo a cada emprendimiento.

Suele ser necesario algún tipo de método o mecanismo que pueda eliminar la película bacteriana muerta sobre el sustrato del biofiltro; previniendo la obstrucción del flujo de agua. Puede ser apropiado colocar un tipo de filtración mecánica menor, posterior a la ubicación del biofiltro que elimine dicha materia del sistema.

Los medios hidropónicos de sustratos que poseen grava, arena, etc., proveen suficiente superficie, aunque tienen la tendencia a taparse; razón por la cual, suele ser necesario su lavado periódico, para evitar la descomposición de la materia orgánica acumulada. De lo contrario, el biofiltro perderá su eficiencia, llegando incluso a producir amoníaco, en vez de eliminarlo del sistema.

Si bien existen ecuaciones para el cálculo del tamaño del biofiltro, ellas no son aplicables a los sistemas acuapónicos, porque las raíces proveen un área adicional difícil de calcular, que se encuentra en constante crecimiento; además de que las plantas también absorben amoníaco de forma directa (Rakocy, et al. 2004).

El diseño y desarrollo de mejoras en los sistemas de aguas profundas (balsas flotantes), como también el de las unidades con lecho de sustrato, direccionaron la producción acuapónica sin la necesidad de una unidad separada para la biofiltración, aunque nunca se debería dejar de considerar que el mismo biofiltro, se encuentra dentro de estas unidades en forma "invisible", por lo que se deberá brindar siempre las condiciones mínimas necesarias para esta vital función en los sistemas de producción acuapónicos.

Peces en acuapónia.

Los sistemas de recirculación de agua son utilizados en general, para el cultivo de organismos que toleran condiciones de altas densidades, aprovechando el espacio, así como también condiciones de tolerancia a enfermedades comunes en organismos acuáticos cultivados. Además de ello, debe tratarse de organismos que presenten un buen crecimiento y cierta tolerancia a los compuestos nitrogenados; ya que estos se encuentran en permanente riesgo de incrementarse ante eventuales circunstancias.

Varias especies han sido cultivadas exitosamente en sistemas acuapónicos en distintos lugares (Tabla 2) y muchas especies han sido introducidas en diferentes sitios distintos de su lugar de origen, debido a sus particulares características de cultivo; como por ejemplo las distintas especies de tilapia, y los populares peces ornamentales Carassius, conocidos como "goldfish"

Especie de cultivo	Temperatura (°C) vital	Temperatura (°C) óptima	Nitrógeno NAT (mg/l)	Nitrito (mg/l)	Oxígeno (mg/l)	% Proteína en alimento	Tiempo de crecimiento
Carpa común (*Cyprinus carpio*)	4 a 34	25 a 30	<1	<1	>4	30 a 38	600 gr en 10 meses
Tilapia del Nilo (*Oreochromis niloticus*)	14 a 36	27 a 30	<2	<1	>4	28 a 32	600 gr en 7 meses
Bagre del Canal (*Ictalurus punctatus*)	5 a 34	25 a 30	<1	<1	>3	25 a 36	400 gr en 8 meses
Trucha arco iris (*Oncorhynchus mikyss*)	10 a 18	14 a 16	<0.5	<0,3	>6	42	1 kg en 15 meses
Cabeza chata (*Mugil cephalus*)	8 a 32	20 a 27	<1	<1	>4	30 a 34	750 gr en 10 meses
Camarón de agua dulce (*Macrobrachium rosenbergii*)	18 a 34	26 a 29	<0.5	<2	>3	35	30 gr en 4 meses

Tabla 2: Tolerancia en parámetros de calidad de agua, requerimientos proteicos y crecimiento esperado de las principales especies acuáticas de cultivo utilizadas en sistemas de acuaponía (modificado de Somerville, 2014)

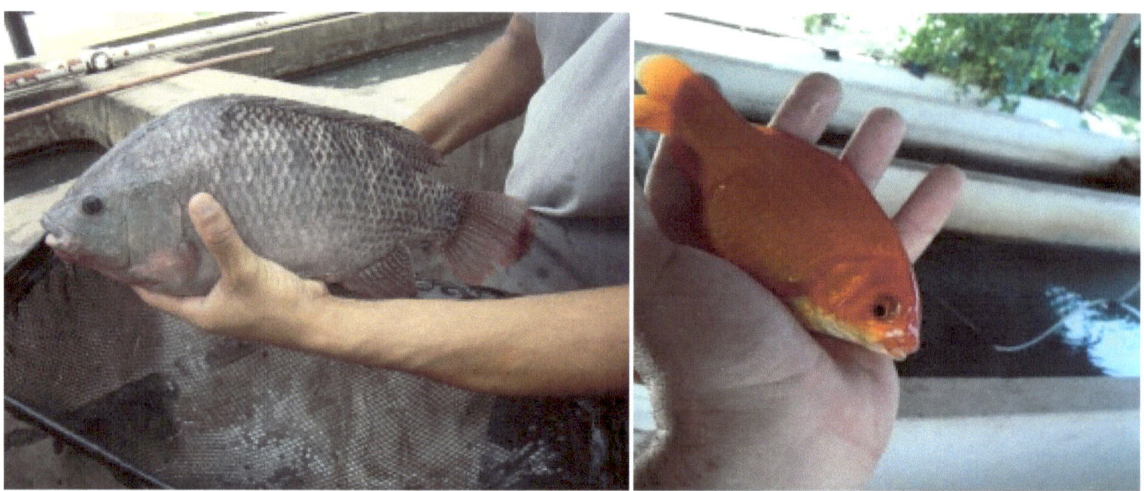

La investigación en acuicultura ha mostrado un avanzado desarrollo con su máxima capacidad de conocimiento y tecnología expresada en los SRA, razón por la cual se debe contar con personal capacitado para el manejo adecuado y exitoso del proyecto acuapónico, capaz de desarrollar un plan de manejo de los peces acorde al sistema integrado. Se recomienda en todos los casos mantener un profesional en el campo de la actividad piscícola (técnico, biólogo o veterinario con experiencia en la materia), quien deberá comprender en profundidad aspectos como respiración, nutrición, excreción, anatomía de cada especie seleccionada, su ciclo reproductivo, manejo de los sistemas, etc. También deberá entender sobre aspectos bio-económicos, manejo de planillas de proyecciones y bases de datos sobre monitoreos y controles.

Planes de manejo y especies.

Aunque en general, se puede considerar a la producción piscícola como secundaria dentro de la acuaponia, por detrás de los vegetales (basándonos en los movimientos y flujos monetarios respecto de la comercialización de ambas producciones), ello no debería ser óbice de una falta de planificación, ni desatender aspectos de manejo de dicha producción, debido a la estrecha relación mantenida dentro del sistema. Además, existen excepciones con respecto a esta distribución de ingresos, con determinadas producciones piscícolas de alto valor comercial.

La biomasa de peces deberá ser mantenida cerca de la capacidad máxima del sistema, para aprovechar el espacio disponible y maximizar la producción, garantizando un suministro de alimento constante; ya que este será un precursor de los nutrientes desinados a los vegetales. De esta forma, se deberá dimensionar correctamente el componente hidropónico.

Teniendo en cuenta todo lo mencionado, el manejo de peces puede ser realizado mediante cultivos secuenciales de cohortes múltiples, o cultivos escalonados de cohortes individuales.

Cultivos secuenciales (cohortes múltiples): Involucra el cultivo de grupos de peces de distintas edades en el mismo, o los mismos estanques de cultivo (Figura 20) donde paulatinamente se van cosechando los peces que llegan a la talla comercial y se siembran nuevos grupos de peces, con el objetivo de mantener una biomasa estable en el tiempo. Este tipo de manejo, presenta algunas desventajas, como por ejemplo, la necesidad de alimentar con diferentes calibres de alimento (en este caso, se dificulta la ingestión para algunos peces) y se practica generalmente en unidades pequeñas, que no disponen de varios contenedores. Tampoco puede realizarse con peces que presenten un marcado canibalismo, o peces muy susceptibles al estrés producido por el manipuleo de las cosechas parciales. Otra desventaja es que los peces mayores, pueden aventajar en crecimiento a los más pequeños, limitados en su alimentación. El problema del estrés es aumentado, provocado por las sucesivas cosechas parciales y el acúmulo paulatino de peces con poco crecimiento, que van quedando relegados por no estar en talla para su cosecha.

Cultivos escalonados (cohortes individuales): En este tipo de cultivo, se establecen varias unidades de cultivo, donde se colocan cohortes individuales, en función de una programación adecuada de producción, con la finalidad es de mantener la biomasa estable en el sistema. Generalmente, se practica en 4 o más unidades de cultivo (Figura 21), donde se programa una cosecha del lote que llega a la talla comercial de una unidad; e inmediatamente, se realiza una nueva siembra de juveniles, a intervalos relativamente similares en el tiempo. Este manejo, muestra dos ventajas: a) se genera un buen control sobre la biomasa al mantener unificados los tamaños por tanque de cultivo y b) permite programar mejor la producción, generando cierta regularidad a través de las cosechas.

Si los tanques son de similar tamaño, con este sistema se pierde eficiencia en el uso, al desaprovechar espacio en las fases iniciales de cría. En tal sentido, cuando ya se ha establecido una eficiente programación de la producción, se pueden dimensionar los volúmenes de los contenedores de cada fase del cultivo; aprovechando mejor el espacio y manteniendo densidades similares en las distintas etapas del mismo.

Existe una variante, que utiliza piletas rectangulares y angostas, tipo "raceways", con separadores móviles en distintos segmentos, dividiendo su estructura a lo largo y generando sectores mayores para grupos de peces de mayor tamaño, hasta efectivizar su cosecha (Figura 22). Es de señalar que estos cerramientos, no poseen una buena dinámica en referencia a la eliminación de los sólidos, lo que es logrado en cambio, cuando se trata de los contenedores de tipo circular.

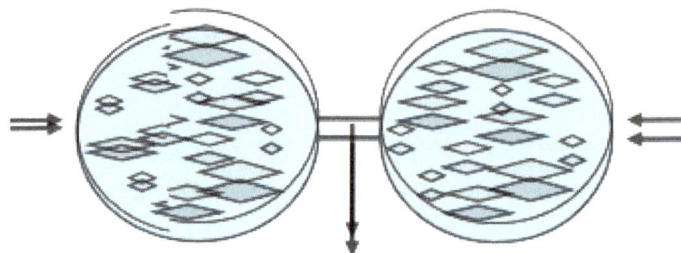

Figura 20: Cultivos de cohortes múltiples, en dos tanques, direccionando el flujo de agua.

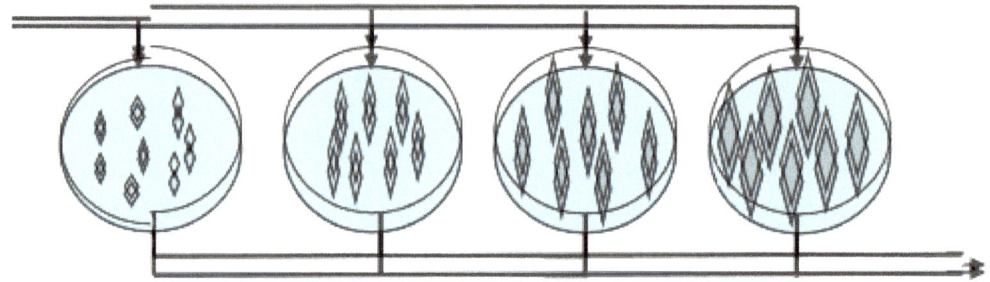

Figura 21: Cultivos de cohortes individuales, en tanques separados, direccionando el flujo de agua.

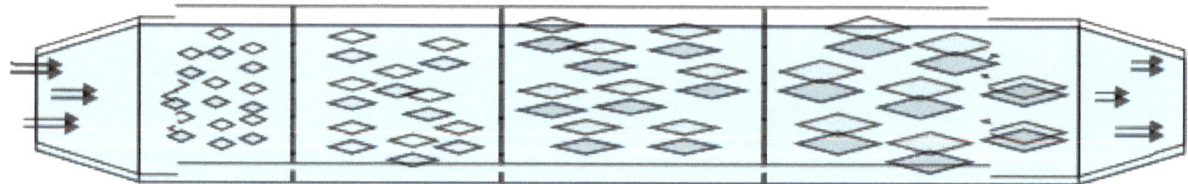

Figura 22: Cultivos de cohortes individuales, en un contenedor "raceways" dividido por secciones.

Existe una tercera opción de manejo de los peces, denominada cultivo por lotes o desdoble de existencias (stock splitting, en inglés). Este tipo de manejo, consiste en llevar lotes únicos en cerramientos, hasta su máxima capacidad de carga y dividirlos luego, reduciendo así la densidad. De esta forma, se puede continuar con el engorde de los peces, en buenas condiciones. Después de varias divisiones (según la programación efectuada), el lote completo de peces es cosechado y se comienza nuevamente con otro de pequeño tamaño.

Este sistema, aunque simplifica el manejo del componente piscícola, no se recomienda por las siguientes razones:

a) utiliza muy mal el espacio destinado al crecimiento de los peces. Es decir, que muchos cerramientos son inutilizados durante gran parte del ciclo productivo;

b) No generan una cantidad de nutrientes constantes hacia el sistema, lo que hace muy difícil el manejo del componente hidropónico, aun planificando adecuadamente el sistema de producción vegetal "por lote" y

c) No generan un flujo monetario constante, como cuando se comercializan las producciones en forma parcial; por lo que pueden generar algún grado de incertidumbre en este campo y demandar mucha cautela en cuanto al manejo.

El cultivo de cohortes múltiples se aplicó como modalidad de cultivo en los ensayos del CENADAC. Durante el mismo se realizaron siembras y cosechas de manera simultánea abasteciendo al tanque el mismo número de peces cosechados, pero de tallas más pequeñas, diagramando así una carga de peces permanente con rangos aptos de abastecer una buena dinámica de nutrientes en el sistema. Se detalla en la tabla 3 la producción piscícola obtenida durante la experiencia:

Total peces sembrados (Kg)	17.2
Total de peces cosechados (Kg)	41.74
Unidades de peces cosechados	95
Peso promedio (gr)	439
Alimento entregado (Kg)	48.1
Factor de Conversión de alimento	1.97
Días experiencia	414

Tabla 3: Volumen de producción de peces, alimento suministrado, FCR y días de la experiencia.

Manejo de enfermedades.

Las pestes o enfermedades dentro de los sistemas acuapónicos, deben tratarse de manera particular, puesto que se ve imposibilitada la población vegetal de recibir tratamientos con agentes agroquímicos normalmente utilizados en los cultivos agrícolas; ya que ello produciría un impacto letal dentro de la población de peces del sistema. Esta característica de desventaja de los productos vegetales respecto de los cultivados en tierra puede utilizarse para darle un giro al asunto y volverlo a favor del productor acuapónico.

El mercado de productos orgánicos se viene desarrollando de forma acelerada, en especial en mercados de países del primer mundo que han tomado una preferencia hacia el consumo de productos ecológicos y naturales. Si bien existen una serie de normas y protocolos de producción para la certificación de los productos orgánicos, la producción acuapónica encaja en los principales aspectos de tales producciones: No uso de agroquímicos (por riesgo de matar los peces), y no uso de antibióticos en alimento para peces (por riesgo de matar las bacterias nitrificantes).

Los métodos de control para plagas, involucran el uso de compuestos orgánicos; muchos de elaboración casera, puesto que aunque existan comercialmente, suelen ser de valor elevado. Estos compuestos, en general, repelen los insectos y otros organismos perjudiciales. Se citan algunos comúnmente utilizados, así como su elaboración casera:

- Alcohol de ajo: posee un amplio espectro: 6 dientes de ajo en la licuadora, agregando medio litro de alcohol fino y medio litro de agua. Licuar y colar;

- Frutos de paraíso: Contra hormigas. Machacar y macerar durante 15 días los frutos, regar el suelo con esta solución disuelta en agua. Manejarlo con precaución.

- Flor de lavanda: Repele insectos. Infusión con 300 gramos de flores secas por litro de agua. Rociar sobre las plantas

- Infusión de cebolla: Contra hongos y pulgones. Separar la cáscara de dos o tres cebollas, agregar 1 litro de agua caliente y dejar reposar diez días. Rociar.

- Polvo para hornear: Pulgón, oídio y cochinilla. 1 cucharada de polvo para hornear en 1 litro de agua. Rociar.

- Infusión de tabaco: Contra pulgones, cochinilla y arañuela roja. Colocar colillas de cigarrillos sin filtro (nicotina) en 1 litro de agua. Al día siguiente agregar jabón blanco. Mezclar bien y rociar.

Es importante que el productor tenga un plan de manejo establecido previamente a la aparición de plagas. Para esto es fundamental el conocimiento previo de las posibles plagas en su sistema y de los síntomas para poder identificarlas. También se debe llevar un control de limpieza de los alrededores y tratar de evitar el ingreso de organismos al sistema de producción mediante pediluvios en los ingresos, y utilización de herramientas y utensilios de uso exclusivo.

Plantas en acuapónia.

PLANTAS O VEGETALES EMPLEADOS EN ACUAPONIA La producción de plantas o vegetales dentro del sistema comercial acuapónico, representa aproximadamente entre el 66 y el 90 % de las ganancias obtenidas, según algunas referencias (Rakocy, et al. 2004; Somerville, et al. 2014). Estos valores se deben, entre otros factores, al rápido crecimiento del componente vegetal respecto del animal en los sistemas.

Existe además, la posibilidad de certificación de los productos obtenidos, como "orgánicos" en este tipo de sistema productivo, dado la imposibilidad de trabajar con los agroquímicos comúnmente utilizados en agricultura, debido al riesgo que representan éstos para los peces. Esto aumentaría considerablemente la rentabilidad de los productos a obtener, además de resultar en una producción ecológicamente responsable.

Las características de los cultivos acuapónicos (e hidropónicos, sin suelos) hacen más efectiva la utilización del agua, de los nutrientes, y facilitan además, las labores de siembra y cosecha cuando los comparamos con cultivos agrícolas. La calidad de las producciones suelen ser más homogéneas e involucran menores riesgos para la salud humana, al no estar expuestos a potenciales patógenos presentes en el mismo suelo.

Muchas plantas han sido cultivadas exitosamente en sistemas acuapónicos, las cuales a la hora de seleccionarse para su cultivo, deben previamente ser sometidas a la evaluación de los distintos parámetros y factores ambientales requeridos para su óptimo crecimiento (tabla 4).

Los cultivos de plantas denominadas "de hojas" (Figura 23) son muy aptos para el manejo de siembras y cosechas, mostrando un rápido crecimiento, por lo que son extremadamente apropiadas para las cosechas en períodos cortos.

Especie de cultivo	pH	Plantas/m2	Tiempo germinación	Tiempo crecimiento	Temperatura (°C)	Exposición solar
Albahaca	5,5-6,5	8-40	6-7 días	5-6 semanas	20-25	Moderada/Alta
Coliflor	6-6,5	3-5	4-7 días	2-4 meses	10-20	Alta
Lechugas	6-7	20-25	3-6 días	4-5 semanas	15-22	Moderada/Alta
Pepinos	5,5-6,5	2-5	3-6 días	7-9 semanas	18-26	Alta
Berenjenas	5,5-7	3-5	8-10 días	3-4 meses	15-25	Alta
Morrones	5,5-6,5	3-4	8-12 días	2-3 meses	15-30	Alta
Tomates	5,5 a 6,5	3-5	4-7 días	2-3 meses	15-25	Alta
Repollo	6-7,2	4-8	4-7 días	6-10 semanas	15-20	Alta
Brócoli	6-7	3-5	4-7 días	2-3 meses	10-20	Moderada/Alta
Acelga	6-7,5	15-20	4-5 días	4-5 semanas	15-25	Moderada/Alta
Perejil	6-7	10-15	8-10 días	3-4 semanas	15-25	Moderada/Alta

Tabla 4. Parámetros y condiciones ambientales generales requeridas para el buen desarrollo de vegetales cultivados comúnmente en acuaponia.

Las plantas "de frutas" (Figura 24) suelen requerir mayor cantidad de nutrientes, y condiciones de dinámica de nutrientes con cierta estabilidad, que en general se logra en un período de alrededor de 2 años de funcionamiento del sistema, cuando se puede considerar un sistema de cultivo acuapónico "maduro".

ANEXO 1- SÍNTOMAS DE DÉFICIT DE ELEMENTOS EN PLANTAS

Nitrógeno Color verde claro o amarillento en las hojas, especialmente en hojas viejas. Pobre desarrollo de frutos.

Fósforo Desarrollo de color violáceo en las hojas. Pobre desarrollo de la planta.

Potasio Las hojas más viejas desarrollan un color amarillento en los bordes de las hojas y luego mueren. Desarrollo irregular de frutos

Calcio Crecimiento reducido o muerte de nuevos gajos. Desarrollo pobre de frutos.

Magnesio Aparición de color amarillento entre las nervaduras de las hojas y avance a hojas nuevas. Pobre desarrollo y producción de frutos.

Azufre Aparición de color amarillento en las hojas nuevas y posterior avance a toda la planta. Síntomas similares a deficiencia de nitrógeno pero apareciendo en brotes nuevos.

Manganese Manchas marrones en las hojas más viejas

Zinc Color amarillento entre nervaduras en hojas jóvenes. Hojas de tamaño reducido.

Boro Muerte de gajos y deformación de hojas con áreas descoloridas

Hierro Aparición de áreas amarillas o blancas entre nervaduras de hojas jóvenes, llevando a puntos muertos de tejido.

Bibliografía citada y consultada

Backyard Aquaponics. 2011. The IBC of aquaponics [online]. Edition 1.0. Backyard Aquaponics, Success Western, Australia. Available at: www.backyardaquaponics.com/Travis/IBCofAquaponics1.pdf

Caló, P. 2011. Acuaponia. Dirección de acuicultura, Ministerio de Agricultura Ganadería, Pesca y Alimentación.

Chapell, J. A; Brown, T. W y Purcell, T. 2008. A demonstration of tilapia and tomato culture utilizing an energy efficient integrated system approach. 8th International Symposium oTilapia in Aquaculture 2008. pp 23-32

Jensen, M.H.; Collins, W.L.; 1985. Hydroponic vegetable production. Hort. Rev. 7:483-558.

Lewis, W.M, Yopp, J.H, Schramm, H.L, Brandenburg, A.M. 1978. Use of hydroponics to maintain quality of recirculated water in a fish culture system. Transactions of the American Fisheries Society 107:92–99.

Masser, M.P; Rakocy, J.E y Losordo, T.M. 1999 Recirculating aquaculture tank production systems: management of recirculating systems. Southern Regional Aquaculture Centre Publication No. 452. Southern Regional Aquaculture Centre, USA.

McMurtry, M.R, Sanders, D.C, Cure, J.D, Hodson, R.G, Haning, B.C, St. Amand, P.C. 1997. Efficiency of water use of an integrated fish/vegetable co-culture system. J World Aquacult Soc 28:420–428

Rakocy, J.E.; 1984. A recirculating system for tilpia culture and vegetable hydroponics. In: R.C. Smitherman and D. Tave(Eds.), Proceedings of the Auburn Symposium on Fisheries and Aquaculture; Auburn University, Auburn AL., pp.103-114.

Rakocy, J.E.; Hargreaves, J. A.; Bailey, D.S. 1993. Nutrient accumulation in a recirculating aquaculture system integrated with vegetable hydroponic production. In: J.-K. Wang, Ed. Techniques for Modern Aquaculture. American Society of Agricultural Engineers, St. Joseph, MI, pp 148-158.

Rakocy, J.E.; D.S. Bailey, K.A. Shultz and W.M. Cole. 1997. Evaluation of a commercial scale aquaponic unit for the production of tilapia and lettuce. Pages 357-372 in K. Fitzsimmons, ed. Tilapia Aquaculture: Proceedings of the Fourth International Symposium on Tilapia in Aquaculture, Orlando, Florida.

Rakocy, J.E; Shultz, R.C, Bailey, D.S. y Thoman, E.S. 2004. Aquaponic production of tilapia and basil: comparing a batch and staggered cropping system. Acta Horticulturae (ISHS) 648:63-69.

Resh, H.M.; 1995. Hydroponic food production: a definitive guidebook of soilless food-growing methods. Woodbridge Press Publishing Company, Santa Barbara, CA.

Somerville, C., Cohen, M., Pantanella, E., Stankus, A. & Lovatelli, A. 2014.Small-scale aquaponic food production. Integrated fish and plant farming.FAO Fisheries and Aquaculture Technical Paper No. 589. Rome, FAO. 262 pp.

Thomas M. Losordo, Michael P. Masser y James Rakocy. 1998. Recirculating Aquaculture Tank Production Systems: An Overview of Critical Considerations. Southern Regional Aquaculture Centre Publication No. 451. Southern Regional Aquaculture Centre, USA.

Cálculos y formulas de un sistema acuapónico

Escala comercial o auto consumo

En el siguiente cálculo vamos a dar un ejemplo de un sistema comercial donde se realizó un estudio de mercado y se detecto la necesidad de un requerimiento de 50 kg semanales de pescado en el caso nuestro (Tilapia roja) en función a esto obtendremos, área de producción vegetal, dimensiones de tanques para los peces, bomba sistema de aireación además de cantidad y capacidad de filtros (sedimentador, biológico, mineralizador):

DETERMINAR DENSIDAD Y VOLUMEN A MANEJAR

Determinar la biomasa máxima:

Semanas por etapas:

24 semanas las divido en 4 etapas = 6 semanas

Producción por etapas:

Si quiero vender 50 kg por semana entonces : 6 semanas X 50 kg = 300 kg de pescado por etapa

Cantidad de peces por etapas:

Si quiero peces de medio kilogramo entonces 300 kg / 0,500 kg = 600 peces

Biomasa máxima:

Etapas	peso máximo	X	Cantidad	=	Biomasa
1	0.143 kg	X	600	=	85.5 kg
2	0.233 kg	X	600	=	139.8 kg
3	0.343 kg	X	600	=	205.8 kg
4	0.500 kg	X	600	=	300 kg

Total se suman las 4 etps y nos da: 731.1 kg para cubrir la necesidad de 50 kg semanales.

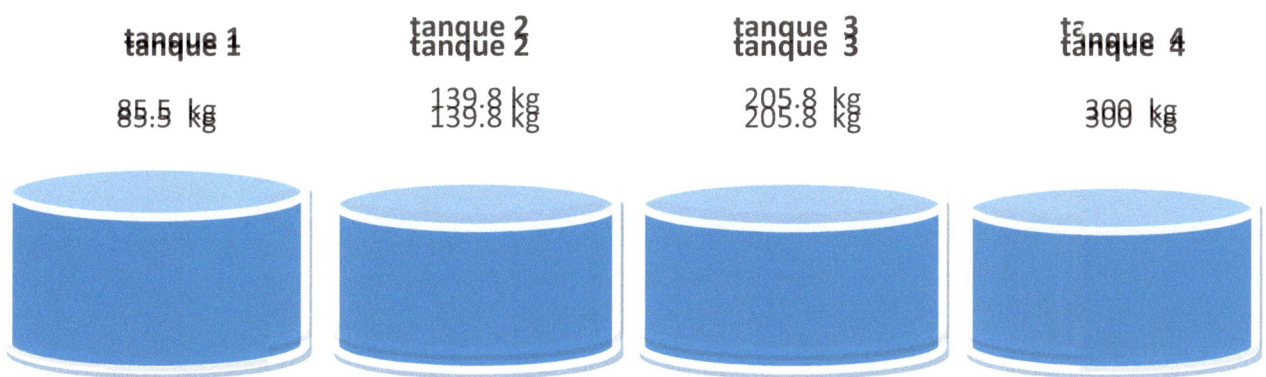

tanque 1	tanque 2	tanque 3	tanque 4
85.5 kg	139.8 kg	205.8 kg	300 kg

Formula : necesidad requerida / intensidad calculada = volumen

SISTEMAS EXTENSIVOS (3 ORG. /M2 = 1.5 KG /M3)
300 KG / 1.5 /M3 = 200 M3

SISTEMAS SEMI-INTENSIVOS (5KG/M3)
300 KG / 5 KG/M3 = 60 M3

SISTEMAS INTENSIVOS BAJOS (15 KG/M3)
300 KG / 15KG/M3 = 20 M3

SISTEMAS INTENSIVOS MEDIOS (40KG /M3)
300 KG / 40KG/M3 = 7.5 M3

SISTEMAS INTENSIVOS ALTOS (120KG /M3)
300 KG / 120 KG /M3 = 2.5 M3

Determinar tamaño del tanque

Sistema intensivo bajo (15 kg/m3)

*300kg / 40 kg/m3 = 7.5 m3

Si ya tenemos el volumen requerido utilizamos la siguiente formula:

$V = \pi r^2 h$ entonces : $r = \sqrt{v/(\pi \cdot h)}$ 3.0m

V = 7.5 m3 volumen de tanque

π = 3.14

H = 1.0 m dejando 0.20 m de borde   1.2m

R = raíz 7.5/(3.14 x 1.0)

R = 1.5 m

tanque de un diámetro de 3.00 m con 1.2 m de altura

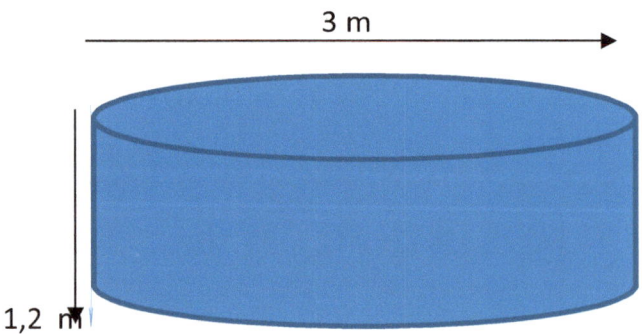

Este sería el tanque ideal para soportar una carga de 40 kg /m3 y en nuestro ejemplo 4 tanques con estas medidas, se recomiendan tanques circulares por ser más eficientes en la limpieza y oxigenación comparados con uno cuadrado

Producción de nitrógeno amoniacal

Por cada kg de alimento produce:

0.092 kg de nitrógeno Amoniacal, si el alimento fuese 100% proteína

0.092=.16x.80x.80x.90

16% de la proteína es nitrógeno

80% del nitrógeno es asimilado

80% de nitrógeno asimilado es excretado

90% del nitrogeno excretado es Amonia + 10% de urea

Por lo que se debe corregir el 0.092 multiplicado por el % de proteína real del alimento

Cantidad de alimento suministrado por día en función a la biomasa

Si queremos 300 kg de pescado y lo queremos llevar a 0.500 kg decimos entonces :

300kg/0.500kg = 600 peces de biomasa total

Sabiendo que tenemos peces de (0.500 kg) procedemos al calculo del consumo diario:

600 peces x 2%de la biomasa x 0.500kg = (6 kg/dia)

600 peces x 2% de la biomasa x 0.343kg =(4.12kg/dia)

600 peces x 3 % de la biomasa x 0.233kg =(4.17kg/dia)

600 peces x 3 % de la biomasa x 0.143kg =(2.5kg/dia)

Total de alimento por dia es: 16.78 kg /dia

Sabiendo que alimentaremos con un alimento balanceado para peces con un valor proteico del 28%

Calculo de producción de amonio

Producción de amonio = % de proteína X constante de producción de amonio

*Tomando en cuenta que suministraremos un alimento comercial de 28% de proteína

28% proteína del alimento comercial X 0.092 = (0.02576 kg de amonio) ; luego este valor lo multiplicamos por el consumo diario y calculado

16.78 kg x 0.02576 kg de amonio = *(0.4318 kg de NA/dia)*

Balance de materia

CD = concentración deseada (mg/l) — *es cero (0) para calculo de amonio*
CS = concentración de salida (mg/l) — *3 mg/l óptimo máximo*
E = eficiencia (%) — *35% de eficiencia del sistema de filtrado*
CE = concentración de entrada (mg/l) — *filtrada*

$$CE = CS + [E*(CD-CS)]$$
$$CE = 3\ mg/l + [0.35*(0-3)] = (1.95\ mg/l)$$

Tanque de cultivo   sistema de filtrado

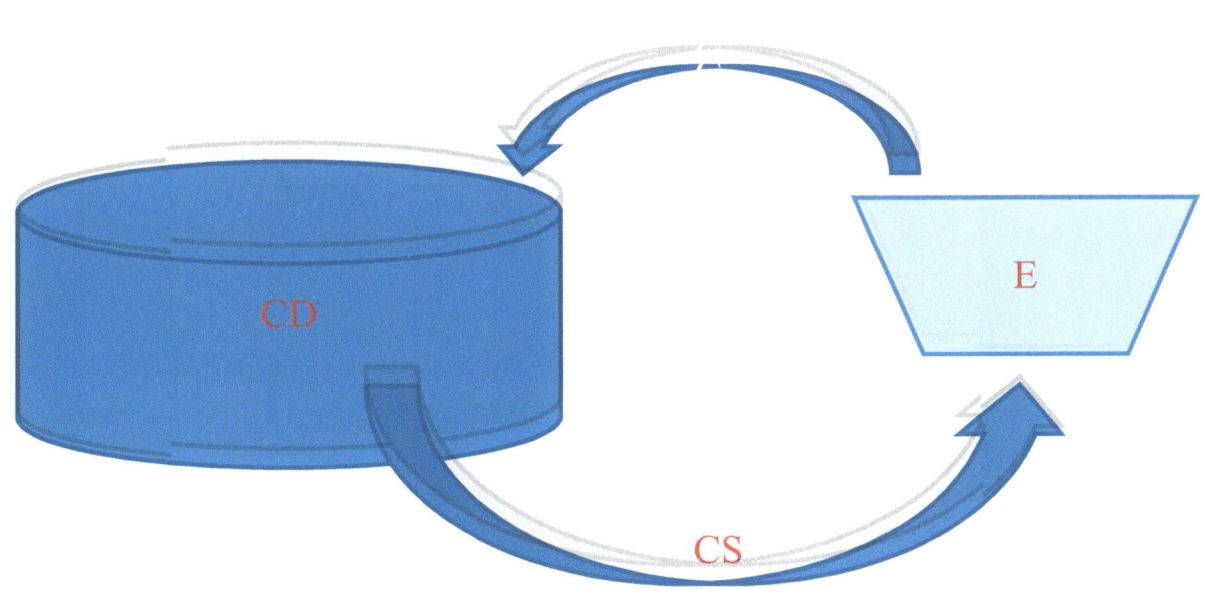

Flujo requerido

Flujo = Producción /(CS – CE)

Tenemos:

CS= 3 mg/l   = 0.003 g/l

CE= 1.95 mg/l = 0.00195 g/l

Producción= 0.4318 kg NA/dia = 431.8 NA g/dia

Flujo = 431.8/(0.003 – 0.00195) = 411238.09 L/dia

Si un dia tiene 86400 segundos tenemos que

411238.09/86400 s = 4.75 l/s

Si nos vamos a la tabla de requerimiento de bombas nos da que con una bomba de caudal de 1 hp estamos mas que suficiente

Producción de sólidos suspendidos

Por cada kg de alimento se prod. 0.25kg de sólidos suspendidos

Por lo tanto si vamos a dar 16.78kg de alimento tenemos:

16.78kg x 0.25 kg = *4.19 kg/ dia, de sólidos suspendidos*

Producción de sólidos sedimentados

Por cada kg de alimento se prod. 8 litros de liquido consentrado (0.5 – 1 % solidos)
Por lo tanto si vamos a dar 16.78 kg de alimento tenemos:

16.78kg x 8 l ≡ *134.24l* de liquido concentrado ó *1.34* solido seco/dia

 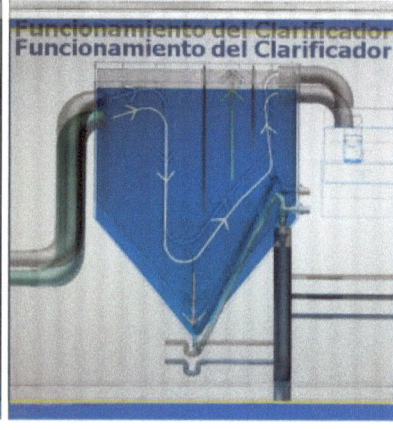

Determinar el volumen del sedimentador

Flujo = 4.75 l/s

Tiempo de retención de los sedimentos (20 a 30 min) 25 min recomendado zona tropical por lo tanto:

4.75 l/s x 60 s ≡ 285 l/min   entonces 285 l/min x 25 min ≡ *7125 l*

Podemos decir entonces que se harán 2 o 3 sedimentadores   7125/3= 2375 l por sedimentador

Capacidad del mineralizador anaeróbico

Tiempo de retención es de 10 min recomendado por lo tanto:

Flujo= 4.75l/s x (10 min x 60 s) = 2850 l ó 2.85 m3

cantidad de malla de 3/8 " se recomienda utilizar 185 m2 por cada m3 de mineralización

2.85 lo dividimos para obtener 2 mineralizadores

Capacidad del mineralizador aeróbico

Duración aproximada de mineralización de 3 a 7 días por lo tanto si la producción de sólidos sedimentados es de *134.24 l/dia x 5 dias* = *671.2 L*

Determinar área de nitrificación

AREA DE NITRIFICACIÓN

cada metro cuadrado de superficie con bacteria nitrificante, remueve

0.00085 kg de amonio/dia

Si se va a producir .4318 kg amonio entonces:

0.4318 kg / 0.00085 kg = *508 m2*

Sustratos	m2/m3
tapa roca	108
Biobolas	321
Biolamina	230
Biotubo	820
Arena	59040

Determinar el volumen del Biofiltro

Si tenemos 508 m2 de área nitrificante entonces:

usando

508 m2/321 ≡ *1.58 m3*

*Debido a la acción de las bacterias heterótrofas se considera un 65 % mas

1.58m3 / 65% ≡ *2.43m3*

* Se recomienda usar de 2 a3 veces el volumen del sustrto

Requerimiento de Oxígeno

Por cada kg de amonio se requiere 4.6 kg OD si se pretende convertir 0.4318 kg NAT entonces :

0.4318 x 4.6 kg OD ≡ *1.98 kg OD* para el proceso de nitrificación

Alcalinidad

para cada kg de NAT se requiere 7.14 kg (CaCO3)

0.4318 x 7.14 kg ≡ *3.08 kg alcalinidad*

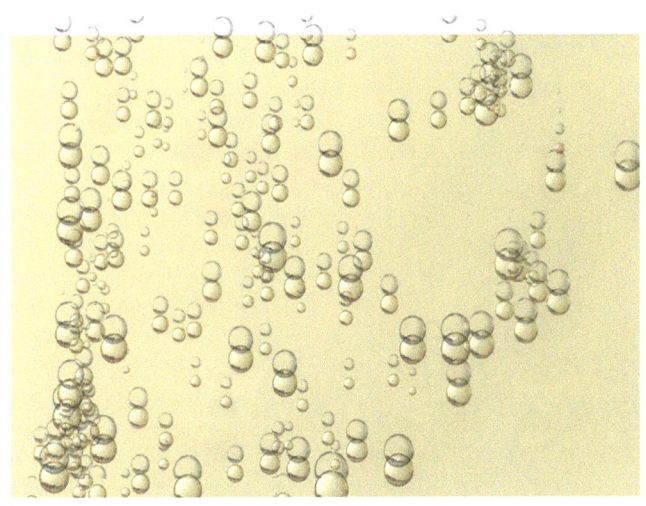

Determinación de nitrato

Por cada kg de nitrógeno amoniacal consumido produce 0.976 kg de nitrato entonces: 0.4318 kg NAT x 0.976 kg = 0.4214 kg Nitrato

Determinar la cantidad de plantas

Por cada kg de Nitrato/dia se produce:

399* *m2 planta de bajo porte sin fruto (ej. Lechugas, perejil, Cilantro etc.)*

218* *m2 planta de gran porte con frutos (ej. Tomates, melones, piton etc.)*

Si vamos a producir 0.4214 kg NO3/dia y queremos cultivar lechugas, entonces:

0.4214 x 399 m2 = 168.15 m2   25 lechugas m2 = **4203 lechugas**

0.4214x 218 m2 = 91.8 m2   6 plantas d tomate m2 = **551 plantas**

* Estos datos dan una mejor productividad en la planta (Licamele , 2010)

Con este resultado podemos establecer un sistema hidropónico de 11 camas flotantes de 1,5 m de ancho por 10m de largo o 9 camas de sustrato con graba para el cultivo de tomates

Caudal de aire

Caudal de oxigeno

Q= oxigeno requerido/Densidad oxigeno

Q=0.1724kg/1.428 kg/hr

Q= 0.1207 m3/hr

Caudal de aire teórico

Q= caudal oxigeno/porcentage de oxigeno

Q= 0.1207/ 0.21

Q= 0.5748 m3/hr

Caudal de aire real

Q= caudal de aire teórico/eficiencia de los difusores

Q= 0.5748/0.015

Con estos datos podemos obtener la capacidad del aireador o turbina para el sistema acuícola sin embargo es necesario aumentar en un 25% la capacidad de la turbina para garantizar aireación al sistema de plantas que también requiere de unas necesidades de oxigeno diaria 22.99 cfmX25% = 28.74 cfm buscamos en la tabla de recomendaciones de la capacidad del blower y nos arroja que con uno de 1Hp de potencia cubrimos la necesidad de todo el sistema

DIAGRAMA DE FLUJO

4 TANQUES DE 1.5 MDE RADIO X 1.2 M DE ALTO O 3 DE DIAMETRO X 1.2 M DE ALTO

3 SEDIMENTADORES DE 1.0 DE RADIO X 1,2 DE LTIRA , CONO DE 45°

2 MINERALIZDORES ANAEROBIOS DE 1425 LITROS

1 MINERALIZADOR AEROBICO DE 671.2 L

11 CAMAS DE LECHO FLOTANTE DE 1.5 M DE ANCHO POR 10 M DE LARGO POR UNA PROFUNDIDAD DE 35 CM

BLOWERS DE 1HP CON CAPACIDAD MINIMA DE 30 CFM

Tabla de alimentación (Cultivo semi-intensivo intensivo).

Edad (Semanas)	Peso Promedio (gramos)	Crecimiento Diario (gr/dia).	Alimento Diario (% de peso).	Conversión Alimenticia:
0	1		15	0.83
0	3	0.27	15	0.83
1	3	0.27	10	0.85
2	5	0.27	8.8	0.86
3	7	0.36	5.8	0.86
4	10	0.36	5.3	0.9
5	13	0.46	5.5	0.9
6	17	0.58	5.1	0.91
7	22	0.71	5.0	0.93
8	29	0.93	5.0	0.95
9	37	1.14	4.5	0.98
10	46	1.29	4.3	0.98
11	59	1.54	4.2	1.03
12	69	2.79	4.0	1.03
13	80	2.03	4.0	1.03
14	100	2.48	4.0	1.15
15	120	2.85	3.5	1.15
16	140	2.86	3.2	1.25
17	162	3.14	3.2	1.25
18	184	3.14	2.9	1.25
19	207	3.29	2.8	1.26
20	231	3.43	2.6	1.28
21	256	3.57	2.4	1.28
22	282	3.71	2.3	1.28
23	309	3.85	2.2	1.37
24	337	4.0	2.0	1.37
25	365	4.0	1.8	1.37
26	393	4.04	1.8	1.37
27	422	4.14	1.7	1.37
28	450	4.14	1.6	1.37
29	480	4.14	1.5	1.34
30	509	4.14	1.4	1.34
31	538	4.14	1.4	1.35
32	567	4.14	1.4	1.45
33	596	4.14	1.3	1.47
34	625	4.14	1.3	1.49
35	654	4.14	1.2	1.49
36	683	4.14	1.1	1.65

www.ingramcontent.com/pod-product-compliance
Lightning Source LLC
Chambersburg PA
CBHW051919210526
45473CB00006B/2074